全国建设行业中等职业教育推荐教材

预算电算化操作

(建筑经济管理专业)

主编 许舒静
主审 袁建新

中国建筑工业出版社

图书在版编目（CIP）数据

预算电算化操作/许舒静主编.—北京：中国建筑工业出版社，2004
 全国建设行业中等职业教育推荐教材.建筑经济管理专业
 ISBN 978-7-112-06187-7

Ⅰ.预... Ⅱ.许... Ⅲ.计算机应用—建筑工程—预算编制—专业学校—教材 Ⅳ.TU723.3-39

中国版本图书馆 CIP 数据核字（2004）第 022857 号

全国建设行业中等职业教育推荐教材
预算电算化操作
（建筑经济管理专业）
主编 许舒静
主审 袁建新
*
中国建筑工业出版社出版、发行（北京西郊百万庄）
各地新华书店、建筑书店经销
北京圣夫亚美印刷有限公司印刷
*

开本：787×1092 毫米 1/16 印张：7 字数：166 千字
2004 年 6 月第一版 2011 年 11 月第四次印刷
定价：14.00 元
ISBN 978-7-112-06187-7
（21633）

版权所有 翻印必究
如有印装质量问题，可寄本社退换
（邮政编码 100037）

本书内容包括：绪论，建筑工程预算软件概述，图形算量软件的操作，钢筋抽料软件的操作，套价取费软件的操作，安装工程预算软件的操作。全书以预算软件操作的通用性为基础，重点介绍了广联达系列预算软件的操作。

本书为中等职业学校建筑经济与管理专业预算电算化课程的教材，也可作为同类学校相关专业的教材或教学参考书，还可供建筑企业管理人员自学或岗位培训之用。

* * *

责任编辑：齐庆梅
责任设计：崔兰萍
责任校对：张　虹

出 版 说 明

为贯彻落实《国务院关于大力推进职业教育改革与发展的决定》精神，加快实施建设行业技能型紧缺人才培养培训工程，满足全国建设类中等职业学校建筑经济管理专业的教学需要，由建设部中等职业学校建筑与房地产经济管理专业指导委员会组织编写、评审、推荐出版了"中等职业教育建筑经济管理专业"教材一套，即《建筑力学与结构基础》、《预算电算化操作》、《会计电算化操作》、《建筑施工技术》、《建筑企业会计》、《建筑装饰工程预算》、《建筑材料》、《建筑施工项目管理》、《建筑企业财务》、《水电安装工程预算》共10册。

这套教材的编写采用了国家颁发的现行法规和有关文件，内容符合《中等职业学校建筑经济管理专业教育标准》和《中等职业学校建筑经济管理专业培养方案》的要求，理论联系实际，取材适当，反映了当前建筑经济管理的先进水平。

这套教材本着深化中等职业教育教学改革的要求，注重能力的培养，具有可读性和可操作性等特点。适用于中等职业学校建筑经济管理专业的教学，也能满足自学考试、职业资格培训等各类中等职业教育与培训相应专业的使用要求。

建设部中等职业学校专业指导委员会

二〇〇四年五月

前 言

本教材是根据中等职业学校建筑经济管理专业的教育标准、培养方案和本课程的教学大纲编写的。

本教材共分五章，包括：建筑工程预算软件概述，图形算量软件的操作，钢筋抽料软件的操作，套价取费软件的操作，安装工程预算软件的操作。在内容的安排上，归纳出预算电算化操作的共性，突出建筑工程预算软件的操作与应用。

本教材首先介绍了建筑工程预算软件的基础知识，便于学生对建筑工程预算软件的功能、特点、应用等有一个基本的认识。其次，本教材在提炼预算软件通用性的基础上，重点介绍了广联达预算系列软件的功能和操作方法，避免理论的讲述，着重放在实际操作上。最后，本教材介绍了安装工程预算软件的操作，使学生对建筑类预算软件有一个整体的认识。

本教材在编写中以图形或软件界面为辅助，并举例加以说明，力求简练、明确、易懂，以适合中职生的阅读水平。

本教材由广州土地房产管理学校许舒静（注册造价工程师）主编，编写了第一、二、三、五章，广州土地房产管理学校蔡胜红（注册造价工程师）参编，编写了第四章。

本教材由四川省建筑职业技术学院袁建新（注册造价工程师、副教授）主审。主审对书稿提出了许多宝贵意见，对保证教材质量起到了非常重要的作用，在此致以真诚谢意。

在本书的编写过程中，编者参考和借鉴了有关书籍和资料，得到了广州土地房产管理学校和广联达预算软件公司的大力支持，在此一并表示衷心的感谢。

限于作者水平，书中难免会有一些缺欠和错误之处，恳切希望使用本教材的读者多加批评和指正。

在本教材中介绍的几种预算软件，可以通过以下网址下载学习版软件：

广联达预算系列软件：www. grandsoft. com. cn（北京广联达软件技术有限公司）
神机妙算预算系列软件：www. sjms. com. cn（海口神机电脑科技有限公司）
华微预算系列软件：www. huaweisoft. com. cn（广州华微明天软件技术有限公司）
殷雷预算系列软件：www. engires. com. cn（广州殷雷软件有限公司）

目 录

绪论 1
第一章 建筑工程预算软件概述 2
    第一节 建筑工程预算软件简介 2
    第二节 用计算机编制预算的必备条件 5
    复习思考题 6
第二章 图形算量软件的操作 7
    第一节 图形算量软件的设计思路与解决的主要问题 7
    第二节 图形算量软件的操作步骤和要点 8
    第三节 图形算量软件的基本操作 10
    第四节 项目管理、楼层定义、轴线定位 12
    第五节 绘图计算 19
    第六节 汇总输出 38
    复习思考题 39
第三章 钢筋抽料软件的操作 40
    第一节 钢筋抽料软件的设计思路和操作方式 40
    第二节 钢筋抽料软件的操作步骤和要点 42
    第三节 钢筋抽料软件的基本操作 43
    第四节 项目管理、楼层管理、构件管理和系统功能设置 44
    第五节 布筋输入与计算 49
    第六节 表格输入与计算 61
    第七节 直接输入与计算 69
    第八节 汇总输出 71
    复习思考题 73
第四章 套价取费软件的操作 74
    第一节 套价取费软件的主要功能 74
    第二节 套价取费软件的操作步骤和要点 75
    第三节 套价取费软件的基本操作 76
    第四节 项目管理 77
    第五节 预算编制 79
    第六节 价差计算 84
    第七节 工程取费和独立费 86
    第八节 汇总计算与报表输出 87
    第九节 工程量清单计价软件 89

复习思考题 …………………………………………………………… 97
第五章　安装工程预算软件的操作 ……………………………………… 98
　　第一节　安装工程预算软件的启动及项目管理 ……………………… 98
　　第二节　安装工程预算软件的预算编制 …………………………… 100
　　第三节　安装工程预算软件的汇总输出 …………………………… 102
　　复习思考题 …………………………………………………………… 103

绪　　论

随着计算机应用的普及与发展，各种不同用途的建筑管理与施工技术应用软件不断被开发出来，在建筑企业中广泛推行建筑管理软件已成为建筑企业提高管理水平的必然趋势。而在建筑工程领域中，建筑工程预算的编制一向耗用人力多、计算时间长、计算容易出错、格式不规范等，已不能适应建筑市场对建筑施工企业报价的市场化进程的要求。建筑工程预算电算化是顺应社会的发展而产生的，它不仅能够节约大量的人力、物力，还可以快速、有效、自动地存储、修改、查找和处理大量数据，极大地提高了工作效率，为工程项目建设提供了有利的条件。

一、本课程研究对象和任务

预算电算化操作是将建筑安装工程预算软件的具体操作步骤，以及如何利用预算软件编制出完整的建安工程预算作为本课程的研究对象。将熟练应用预算软件、掌握电算与手算之间的区别与联系作为本课程的学习任务。

二、本课程的重点内容

《预算电算化操作》是一门技术性、专业性、实践性很强的专业课程，全书共分五章：

第一章　对建筑工程预算软件的概述，包括预算软件能完成的主要工作，利用预算软件编制预算的主要步骤和必备条件，并对目前国内软件公司开发的预算软件的结构形式和通用模块做概括性说明。同时还介绍了几种使用比较广泛的预算软件。

第二章至第四章　这部分以图形算量软件、钢筋抽料软件、工程预算软件的使用为主要内容，是本教材的重点章节，讲述预算软件的设计思路、操作步骤、信息的输入与编辑、计算结果的汇总输出等，并介绍特殊构件的输入方法。

第五章　讲述安装工程预算软件的使用，因安装工程预算软件的操作方法与建筑工程预算软件的操作基本相同，所以本教材对这部分内容做一般性介绍。

三、本课程与相关课程的联系

预算软件的操作即建筑工程预算电算化，它是以建筑预算知识为基础，以电脑的操作应用为工具的一门应用型学科。只有熟悉预算定额、工程量计算规则、子目套价的方法，同时掌握一定的计算机操作知识，才能正确使用预算软件，快速、准确地编制一套完整的建筑安装工程预算书。

四、本课程的学习方法

因本课程是一门实践性课程，与建筑市场状况有紧密联系，在学习中应以培养实际操作能力为主，采用边学边练、学练结合的学习方法。学生应独立完成作业，通过上机操作来掌握预算软件的使用。

目前，建筑工程中使用的预算软件种类较多，编者根据目前比较常用、软件较成熟且具有代表性的几种预算软件来编写本教材，以便读者在使用其他软件时，能够达到融会贯通、相互借鉴的目的。

第一章 建筑工程预算软件概述

第一节 建筑工程预算软件简介

随着我国建筑市场化进程的逐步推进，对工程造价的确定要求越来越高。不仅希望造价的确定能够准确，而且希望能够快捷、简明、通用性强，所以对建筑工程造价管理系统提出了十分迫切的要求。

一、预算软件与工程造价管理信息系统的关系

工程造价管理信息系统是指由人和计算机组成，能对工程造价信息进行收集、加工、传输、应用和管理的系统。工程造价信息系统由计价依据管理系统、造价确定系统、造价控制系统和工程造价资料积累系统组成，如下图 1-1 所示。

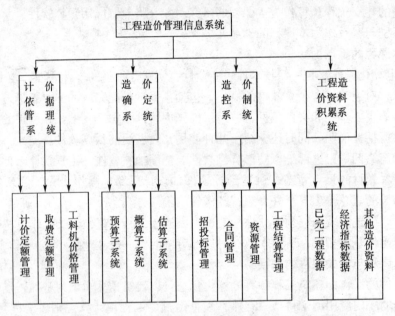

图 1-1 工程造价管理信息系统的分类

其中预算子系统主要是指从事工程预算编制的系统，也是目前我国使用面最广、软件品种最多的一类工程造价管理信息系统，其软件即为通常意义上的预算软件。

二、预算软件的编制过程

预算软件的编制一般按照建数据库→程序设计→软件应用的步骤进行。数据库的建立包括预算定额库、构件图形库、构件钢筋库、计算规则库等；程序设计是预算软件编制的核心，它是利用计算机高级语言编写的自动进行预算工作的命令集合；软件的应用是按照预算软件的使用要求，输入工程初始资料和工程结构数据计算工程量，并在定额库中找出

相应的工料、费用等数据，最后套用定额，得出计算结果。

三、预算软件所能完成的主要工作

1. 工程量的计算

在编制预算的过程中，最大的问题是工程量的计算问题。一般来说，工程量的计算工作占手工编制预算60%左右的工作量，可以说，工程量计算的速度和准确性对预算的编制起着决定性的作用。

使用预算软件来编制预算，可以利用计算机强大的数据运算能力，大大减少预算编制过程中繁琐的四则运算所花费的时间，提高工作效率。目前随着计算机技术的发展，应用预算软件解决工程量计算问题在图形算量方面取得了较大的进展。即按照一定的规则，在图形算量软件中输入施工图纸，并通过施工内容和施工做法的界定，由软件自动计算工程量。由图形算量软件计算工程量，可以涵盖绝大多数分部分项工程量的计算，是一种先进的、可操作性强的预算软件。

2. 钢筋的计算

在预算编制的过程中，以钢筋工程量的计算最为繁琐，需要统计、汇总大量的工程数据，在实际工作中，预算编制人员由于时间紧张，不得不采取粗略的计算方法或估算方法，因此难以达到真正准确的要求。

利用钢筋抽料软件可以提高计算的速度和计算的准确性。与手工抽取钢筋相比较，在钢筋抽料软件中可直接输入构件的尺寸，由软件自动计算锚固长度和钢筋的长度，简化了计算。同时还能根据施工图纸上钢筋的表示方法如剖面表示法、表格表示法和平面整体表示法，选择相应的软件输入方法如直接抽取钢筋法、按构件选择钢筋输入法、表格输入法、平法输入法和多边形输入法等。这些输入方式与结构施工图中构件配筋表示方式紧密相连，并且符合手工抽筋的习惯，既适用于各种钢筋的抽取，又减少了计算工作量，提高了计算的准确性。

3. 套价

定额的套用是编制工程预算的最基本工作。在手工查套定额时，一边针对分项工程项目，一边查找相应的定额编号，在预算书上抄写定额名称、基价等，还要经常翻阅定额章节说明、附录、标准图集等，稍有不慎，就易出错。

预算软件充分利用计算机存储量大、检索速度快的特点，把所有的定额信息都建立了数据库，在使用软件时可以直接输入定额编号，由软件自动调出该子目的定额名称、基价等资料，再输入该子目的工程量，软件即可计算出该分项工程的合价。定额的章节说明、附录、标准图集等均已存储在数据库中，可采用多种方式随时调用查看。利用预算软件进行子目的套价可提高计算的准确性，节省数据运算所花费的时间，提高工作效率。

4. 工料分析与调价

手工编制预算时，调价处理首先应进行准确的工料分析，在工料分析的基础上，再通过查询材料的市场价来确定每种材料的价差，最后汇总所有材料的价差值得到整个项目的价差。

目前，全国各地的工程造价管理机构在定期发布工程造价信息时，将这些内容做成"电子信息盘"。将"电子信息盘"通过软件提供的安装功能装入软件后，只需在调价时选择合适的造价信息，所有的材料价格将由软件自动调整，价差的计算工作也可由软件自动完成。

5．工程取费

全国各地的取费定额一般都规定了不同类型建筑的取费程序，并对费率和取费基数也都作出了严格的规定。因此预算软件在各地定额库中建立了当地所有类型建筑的取费模板，一套模板针对一个建筑类型，取费程序、费率和取费基数都已经完全做好。当在软件中取费时，只需选定自己需要的模板，一般的取费工作即可完成。若遇特殊工程，还可在取费表中任意定义需要的取费项，对费率进行任意修改。利用预算软件进行工程取费非常灵活、方便。

6．预算报表

预算报表是一份工程预算的最终表现形式，各预算报表使用单位对报表数据的完整性和美观性提出了要求。在预算软件中，软件提供了各种报表的模板以供选择，这些模板根据各地的报表格式要求事先做好，并且设计多种报表方案，以满足各单位的报表需求。在使用软件输出报表时，只需选择自己需要的报表方案即可。

四、预算软件的通用性

我国现行的工程造价管理体制是建立在定额管理体制基础上的，虽然全国各地、各行业的定额和工程量计算规则差异较大，但编制工程预算的基本程序和方法差异不大。所以要编制通用性强的工程预算软件，就必须使定额库和编制工程预算的程序分离。这样，就可以做到使用统一的预算程序挂接不同地区、不同行业的定额库，从而实现编制基于不同定额的工程预算。解决了这个问题，便同时也解决了一套软件同时编制土建和安装预算的问题，为自动汇总形成完整的单项工程综合预算奠定了基础。

五、对预算软件的要求

1．准确性

这是对预算软件的最基本要求。作为测试手段，一般是用手工计算的结果与软件产生的报表数据进行比较，产生差异的地方主要是计算过程数据精确度的保留和计算参数的设置是否正确灵活。成熟的软件产品是经过反复测试的，准确性基本是不存在问题的。

2．功能完善

软件的实力在于它的功能是否完善、强大，是否能满足专业各种复杂的要求，其中数据输入输出、计算汇总、分类统计、审核和数据归类存档是完成工程量计算工作的基本功能，目前各软件公司开发的预算软件均具备上述的基本功能。

3．可操作性

目前软件种类很多，而"易学、易用"已经成了用户选择的最主要的标准。可操作性是对功能实现的进一步阐述，是对各项功能实际操作是否适应和满意的综合评价，主要反映在软件的工作模式和工作流程是否合乎逻辑、容易理解并被接受。具体到每项功能，其含义是否容易准确地把握，其操作是否简单灵活、层次少，结果是否符合操作者的要求，操作的效率是否得到较大的提高等。

4．技术水平领先

随着计算机技术日新月异的发展和 Web 应用的普及，软件技术应不断提高，需考虑到各种数据格式、外部接口等。

5．设计思路的科学性

软件设计的基本思路、创意决定了软件表现形式，包括软件的功能、可维护性、可移植性和安全性等。

第二节 用计算机编制预算的必备条件

我国利用计算机编制工程预算，在 20 世纪 90 年代取得了较大的突破，这主要得益于计算机硬件和软件技术的高速发展。编程技术、数据库技术的发展提高了预算软件的制作水平，而这些技术的应用又极大地提高了预算电算化的效率。在利用计算机进行建筑工程预算的电算化时，必须具备以下几个方面的条件。

一、硬件

硬件是计算机实体部分的总称，包括：主机、显示器、键盘、磁盘存储器、打印机等设备。在计算机上运行预算软件必须有以下配置：

主机：CPU 主频 300MHz 以上

内存：内存容量 64MB 以上

硬盘：一般预算软件占用约 100MB，建议至少常备 500MB 的可用空间

显示器：彩色显示器

打印机：喷墨或激光打印机

二、软件

软件是计算机程序系统的总称，按照所起作用的不同，可分为系统软件和应用软件两大类。

1. 系统软件的配置

操作系统：Windows95 操作系统或以上

汉字系统：配置汉字输入法

2. 应用软件的配置

针对我国造价管理的特点，一些软件公司开发了适用于我国建筑行业的预算软件，用户只需在计算机上按照一定的要求安装预算软件，即可进行预算电算化的操作。

三、操作人员的要求

为了能正确、高效地使用预算软件，操作人员必须具备建筑安装工程预算知识和电脑操作的基本知识。一般来说，预算软件的操作人员只有熟悉"手算"，掌握预算编制的步骤、熟悉预算定额和取费定额、掌握造价相关文件，才能准确地进行"电算"。另外，预算的电算化必须通过相应计算机的操作才能正确使用预算软件，所以操作人员还必须具备一定的计算机操作基本知识。

四、预算软件的介绍

目前，一些从事软件设计的专业公司通过研究工程造价的理论，编制出应用较广的建筑安装工程预算软件，如武汉海文公司、海口神机公司、北京广联达公司等都先后开发了工程量计算软件、钢筋用量软件和工程套价软件等产品，这些产品的应用基本解决了我国目前体制下的概算编制、预算编制、概预算审核、工程量计算、统计报表和工程结算等的编制问题。下面选择列举了我国目前较为成熟并具有一定特色的预算软件作简要介绍，以供参考。

1. 广联达系列概预算软件

北京广联达软件技术有限公司是一家专门从事工程造价系列软件开发的民营高科技公司。公司自成立以来，先后自行开发并推出了 Windows 版和网络版的全系列工程造价软件，该产品系列包括：广联达图形自动计算工程量软件（GCL99）、广联达预算审核软件（YSSH99）、土建工程投标报价系统、建筑工程项目成本管理软件、广联达房屋修缮工程预算软件等。产品提供 21 个地区、5 个行业共 95 套定额库，同时还有 21 个地区的 30 套计算规则。

2. 神机妙算系列概预算软件

海口神机电脑科技有限公司是一家专门从事"可视、智能"工程预结算软件研究、开发、销售与服务的高科技企业，神机妙算工程预结算系列软件主要由三类软件模块组成——工程量自动计算软件模块、钢筋自动计算软件模块、工程套价软件模块，还可根据不同的专业工程、地域配搭相应的专业工程预结算模块、定额库，从而形成一系列通用灵活、覆盖面广的产品族。其主要产品包括工程量自动计算软件 V2.95、钢筋自动计算软件 V1.98、智能工程套价软件 V15.0 等。

3. 华微系列概预算软件

广州华微科技有限公司开发的华微概预算软件采用当前最先进的 AutoCAD2000 作为绘图平台，构件输入方便、快捷。华微系列概预算软件主要包括：三维建筑工程量自动计算软件 2.0 版、钢筋自动计算软件 3.0 版、地铁工程概预算软件、广州市装饰工程预算软件等。

4. 殷雷系列概预算软件

广州殷雷软件有限公司主要从事于建筑业管理信息系统和专业软件的研制开发，以及建筑信息和数据服务等。该公司研制开发的钢筋工程量二合一软件创立了钢筋、混凝土模板混合计算模式，使建筑工程钢筋、工程量的计算统一起来，在业界产生了一定的影响。

复习思考题

1. 使用预算软件编制预算与手工编制预算有何区别？
2. 预算软件所能完成的主要工作有哪些？
3. 对预算软件的要求有哪些？
4. 用计算机编制预算应有哪些必备条件？
5. 国内常见的预算软件通常包括哪些通用模块？

第二章　图形算量软件的操作

第一节　图形算量软件的设计思路与解决的主要问题

近年来，随着计算机技术的发展，应用计算机软件解决工程量计算问题在图形算量方面取得较大的进展。国内一些专业软件公司先后开发出了图形工程量自动计算软件，从不同的角度和层面解决了工程量计算问题。

国内图形算量软件的发展经历了以下几个阶段：

20 世纪 80 年代末，北京造价处首次推出了概预算软件中的图形算量方法，但操作较复杂，且无法进行梁、板、柱、墙等建筑实体的自动扣减，亦无法完成定额子目与工程量的自动套用。

90 年代初，海口奈特公司推出了具有自动扣减功能的图形算量软件，操作的方便性得到了很大提高，但在与定额子目的结合及标准图集的处理方面仍有不足之处。

1996 年，北京广联达公司推出了图形算量软件。该软件在画图和工程量解决方法上有多项创新。

图形算量软件经历了 20 世纪 90 年代的发展后，已经达到了实用的阶段，这可以从近年来在全国各地的一些大型工程的实际应用效果中看出。更新的技术将朝着与 CAD 设计软件的接口及图形扫描输入的方向发展，以期更好的适应建筑行业的发展。

一、图形算量软件的设计思路

在工程量的计算中，广联达预算软件、神机妙算预算软件及其他预算软件提供了一个很好的工具——图形算量软件，各类图形算量软件的设计思路可归纳为：建库（构件图形库、计算规则库、定额库）→建立人机对话方式（输入构件尺寸绘制图形）→由电脑将输入的资料进行分类整理并计算工程量→计算结果的输出。因此各图形算量软件多以描图的方式输入建筑图、结构图和基础结构图，同时输入工程资料，软件即可自动套用相关子目，计算工程量，并能生成各种工程量报表。若与套价软件结合，可以进一步进行调价、取费、工料机分析，生成完整的预算书。图形算量软件比较突出的特点是输入的数据是以图形方式显示，给人直观、整体性强的视觉效果，同时构件之间的扣减、计算过程中装饰与结构之间的数据共享在一定程度上得到了解决。因各软件公司开发的图形算量软件的设计思路基本一致，只是具体操作的方式不同，在掌握了一种具有代表性的图形算量软件后，其他软件的操作可遵循该操作方法。

二、图形算量软件解决的主要问题

随着图形算量软件应用的普及，预算电算化逐渐代替了传统的手算操作，总的来说，使用图形算量软件进行预算电算化具有手算不可比拟的一些优势。

1. 计算的快速性

图形算量软件的应用以计算机为工具，充分利用了计算机强大的计算功能，将繁琐的工程量计算简化为输入建筑图、结构图等操作。并根据统筹原理，合理安排工程量的计算顺序，利用构件之间的关联性，在输入某一构件数据后，相关联的构件将有用数据自动提取，再由软件运用相应的程序自动计算工程量。从而大大减轻了预算编制的工作量，提高了计算速度。

2．计算的准确性

图形算量软件在计算工程量时，严格按照相应的计算规则和规范，避免了手算中因计算规则应用错误而引起的误差。并且在图形输入中采用了与施工图相同的高精度计算模型，方便检查绘图误差或构件的扣减关系，防止因输入错误引起的计算误差，从根本上保证了工程量计算结果的准确性。

3．计算的规范性

图形算量软件根据定额计算规则的要求，统一了各项目工程量的计算方法，改变了手算中项目工程量计算的随意性，方便了预算审核和结算的编制。

4．计算结果输出的多样性

图形算量软件的计算结果可以采用图形和表格两种方式输出。既可以分门别类地输出与施工图相同的工程量标注图，用于工程量核对、指导生产和绘制竣工图，也可以输出工程量汇总表、明细表、计算公式表等。应用图形算量软件输出的图纸或报表，数据清晰明确，格式规范，美观大方，并可一式多份，比手算报表有明显的优势。

5．资料保存归档的网络化

造价资料特别是竣工结算和竣工决算资料的积累对工程造价的管理具有重要的作用，通过图形算量软件的应用，可使造价资料得到及时的保存、归档，从而使各管理部门、企业之间数据共享，实现造价资料的相互交流，从而形成对工程造价资料数据库的网络化管理。

但因图形算量软件开发的依然不够完善，以及计算机应用的一些限制，目前图形算量软件仍有一定的不足：

1．不能完全满足复杂工程的要求

图形算量软件的绘图功能不够完善，对一些新结构、复杂结构的建筑，不能准确的将图形资料输入到计算机中，从而导致计算结果的不准确。

2．对某些项目不能灵活处理

利用图形算量软件计算工程量时，某些项目的计算比手算更为复杂、繁琐，例如人工挖孔桩的计算，应根据图纸分列挖桩、桩芯混凝土、护壁混凝土、凿桩头等项目，但凿桩头工程量的计算需考虑桩的顶面标高、室外地坪的标高和桩承台的位置，而多数软件不能自动识别并计算，必须手算出结果再输入到软件中才能准确列项计算，反而加大了工作量。

3．对操作者有一定的要求

使用图形算量软件必须熟悉预算定额，熟悉软件的操作步骤，还要求对计算机的应用有一定的认识，所以相对于手算来说对操作者的要求较高。

第二节　图形算量软件的操作步骤和要点

图形算量软件的共性体现在它们均有相似的设计思路，所以其操作步骤和要点也基本一致。

一、图形算量软件的操作步骤

图形算量软件的操作流程可参看图 2-1。

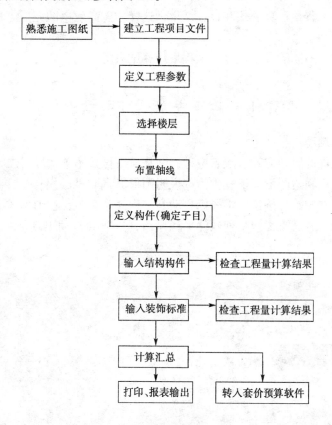

图 2-1 图形算量软件的操作

二、图形算量软件的操作要点

在操作流程中有一些要点须准确把握：

1. 轴线

图形算量软件中的定义轴线对整个操作很重要，它直接影响到构件的尺寸和放置的位置，必须在初始绘图时准确输入，如在后续阶段更改轴线易导致软件识别出错，计算结果不准确。

2. 层的管理

图形算量软件是严格按层进行管理数据，特别是标准层较多的多层、高层建筑，层的复制可大大减少计算的工作量。

3. 分项工程子目的确定

在预算的编制中，确定分项工程子目是较灵活的一部分内容，因工程图纸的准确性、各预算编制人员对定额的理解程度均会影响到工程子目的确定。

利用图形算量软件编制预算，需要根据定额的要求定义构件，即在绘制图形的同时确定构件应套取的子目，以便软件可按该子目的计算规则计算其工程量，并可直接将计算结果导入套价取费软件。

4. 工程量的计算

软件对工程量的计算是按相应子目的定额计算规则操作的。在利用软件计算工程量时需准确定义构件尺寸、特征和定额子目，如实输入施工图纸，熟悉绘图的各项图形编辑功能，并及时核对工程量计算公式和计算结果，这样才能高效率的完成工程量的计算。

5. 报表的设计

应根据各地区不同的要求，设计工程量计算结果的报表。

第三节　图形算量软件的基本操作

一、软件的启动

图形算量软件的启动方式一般有两种，一是从下拉式菜单选取，二是直接点击该软件的图标。下面以广联达图形算量软件为例说明图形算量软件的操作。在Windows98的桌面上单击左下角的"开始"按钮，将鼠标移动到"程序"选项，在弹出的下级菜单中再将鼠标移至"广联达——建筑工程系列软件"程序组，这时会自动出现下一级菜单，如图2-2所示：

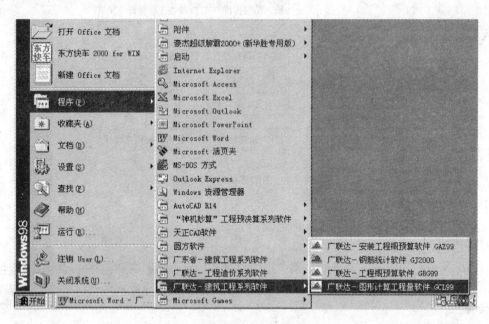

图 2-2　广联达图形算量软件的启动界面

再单击"广联达——图形计算工程量软件 GCL99"，即可启动该软件。若已在Windows98桌面上建立了GCL99的快捷方式，可在桌面上用鼠标选中该软件的图标，如图2-3所示，左键双击即可启动广联达图形算量软件GCL99。

图 2-3　广联达图形算量软件的图标

二、软件界面介绍

GCL99 软件界面可以分为五个部分，如图2-4所示。

1. 菜单栏

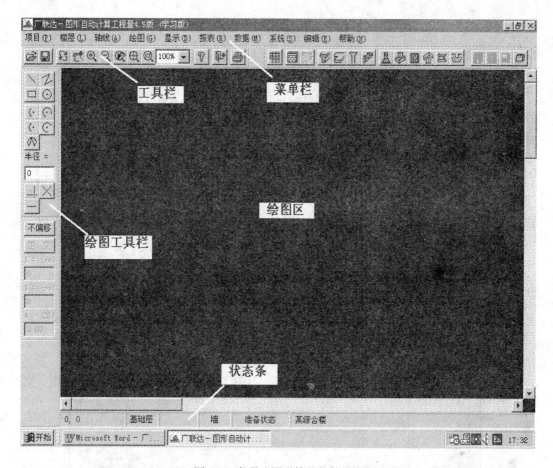

图2-4 广联达图形算量软件界面

将鼠标指针移动到菜单栏的菜单上，单击鼠标左键，该菜单弹出下拉菜单。在下拉菜单中上下移动鼠标，选定某一菜单项目后，单击鼠标左键，软件执行菜单项上的指令。

下拉菜单区操作方便、直观，操作者应该熟悉这一区域。

2．工具栏

集中了常用的命令，可用鼠标选中某一图标，左键双击即可执行该图标代表的命令。当把鼠标移动到某一图标时，会自动弹出说明该图标含义的字符条。这项功能对操作软件有较大的帮助。

3．绘图工具栏

在绘图时提供相关参数的输入或选择相应绘图类型的功能，包括位移、偏转角、捕捉图上已有点、硬定位和选择弧线绘制类型等。

4．绘图区

在此区域上进行绘图工作，并将绘制的图形在此显现出来。

5．状态条

显示打开的工程图形文件、在操作的楼层及构件等基本信息，还显示操作提示，此提示操作对初学者来说，是很好的帮助。

11

第四节 项目管理、楼层定义、轴线定位

一、项目管理

在各类图形算量软件中均有对工程项目进行管理的功能,项目管理相当于软件的档案管理,通过项目管理可以新建、删除、修改、复制、备份、恢复和选择一个项目。在项目管理中一般应输入工程名称和所选用的定额,方便工程量计算规则的确定和子目的套价。下面以广联达图形算量软件为例说明项目管理的操作。

操作是:用鼠标左键点取下拉式菜单"项目"→"项目管理",或使用快捷键 均可进入项目管理主窗口,参见图2-5。要对项目表进行操作时,可以先用鼠标左键点取一个项目,然后点取相应的功能按钮,即可对该功能进行操作。

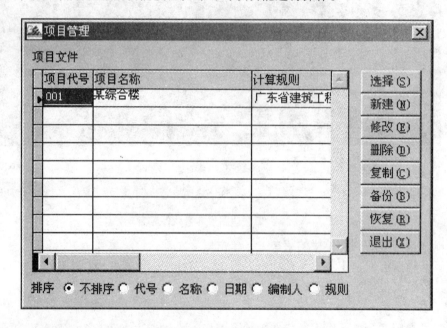

图2-5 项目管理对话框

1. 新建项目

点取【新建】按钮,在弹出的新建项目窗口中输入项目代号、名称,并选取一个计算规则。其他内容如建设单位、施工单位等,可以根据需要输入,这些内容可以在项目管理时,起到分类查询的作用,如图2-6所示。项目代号和项目名称必须要输入,且项目代号不能和以前的代号重复,建议项目代号使用原图纸上的代号,或加上有关日期信息,以便识别和管理。

2. 修改

点取【修改】按钮,在弹出的新建项目窗口中,可以直接修改项目代号、名称和其他内容。

如果已经画了图形,则计算规则不允许修改,因为不同的计算规则使用不同的定额,

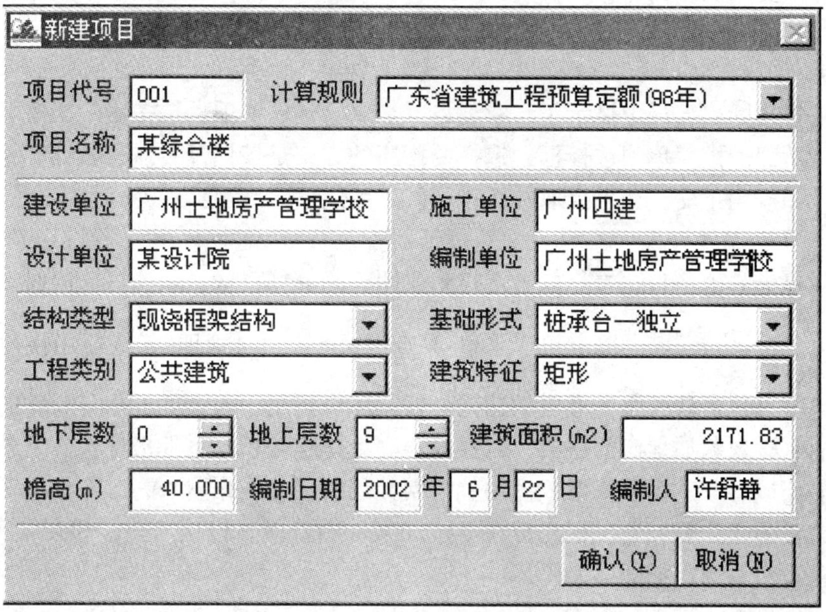

图 2-6 新建项目对话框

计算规则的修改将导致系统删除所有子目。如果一定要修改计算规则，需复制一个新的项目，在复制的同时可以修改计算规则。

3．删除

用鼠标单击该项目，当光标亮条停留在该项目上，然后直接点取【删除】按钮再确定即可。删除的项目将不能恢复，在使用时要慎重。

4．复制

首先用鼠标左键点取要复制的项目，使光标亮条停留在该项目上，然后点取【复制】按钮，在弹出的窗口中输入一个新的代号和名称，可根据需要再选择一个新的计算规则，最后点取【确认】按钮即可。但若修改了计算规则，则复制的项目中原工程的所有子目将被删除。

5．备份

备份就是将需要存档的项目保存到软盘或其他磁盘目录中，然后在需要的时候可以再恢复过来。操作是：先在项目表中用鼠标单击需要备份的项目，使光标亮条停留在该项目上，然后点取【备份】按钮，在弹出的备份窗口中，选择要备份的目标驱动器，再点取【数据目录】按钮选择一个目录，或直接输入一个目录名，再点取【确认】按钮即可。

如果输入的目录磁盘不存在，系统将自动建立。对所备份的文件目录，请一定要记清楚，否则在恢复操作时会找不到该文件。

6．恢复

恢复和备份相对，就是以前备份的项目恢复到系统中来。操作是：点取【恢复】按钮，在弹出的恢复窗口中，选择原来备份的项目驱动器，再点取【数据目录】按钮选择原目录，或直接输入原目录名，再点取【确认】按钮，然后在弹出的项目列表中，选择要恢复的项目，再点取【确认】按钮即可。

如果有重复的项目代号，系统会提示是否覆盖，因此建议在建立项目的时候，一定要注意项目代号是否重复的问题。

7．项目的排序

在项目管理的主窗口中显示了已有项目，如果希望这些项目按一定的次序显示，就可以点取窗口下面的排序单项选择框，选择要排序的方式是按代号、项目名称、日期、编制人还是按计算规则排序，如果点取【不排序】，计算机就会按建立的先后次序显示。

8．打开项目文件

用鼠标单击一个项目，再点取【选择】按钮，则软件将进入该项目，同时自动退出项目管理。

二、楼层管理

在各类图形算量软件中，楼层的输入一般按照自然层输入，并根据各软件的不同要求输入相关的基础数据如楼房的层数、每层的层高、建筑面积、室外地坪标高、外墙裙的高度等等。下面以广联达图形算量软件为例说明楼层管理的操作。

楼层定义的操作是：用鼠标左键在下拉式菜单中点取"楼层"→"楼层定义"，即可进入楼层定义对话框，如图 2-7 所示。

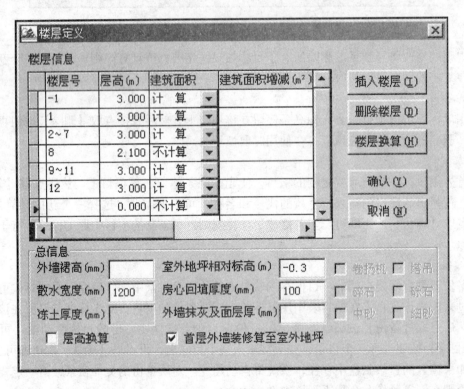

图 2-7　楼层管理对话框

1．楼层信息

下面通过例题说明楼层信息的输入方法：

【例 2-1】　某住宅楼地上部分共12层，有1层地下室。其中 2~7 层为标准层，8 层为设备管道层，9~11 为标准层，12 层为顶层，除 8 层层高为 2.1m，其余各层层高均为

3.0m。其楼层信息输入如图 2-7 所示。

说明：楼层号即实际工程图纸上楼层的编号，输入格式如下：

（1）负数（如 –1）：代表地下室层，具体画墙、梁、板、柱等；

（2）正数（如 12）：代表一般楼层，具体画墙、梁、板、柱等；

（3）小数（如 1.5）：代表半层，在某些层高变化比较特殊的情况下（如带不同层高的裙房、加层等），可将一层楼分成几层来画，这样上面的半层便可用小数来表示，以便于管理和理解，具体画法同一般楼层；

（4）N～N1（如 2～7）：代表标准层，画时只需画一层，软件会自动计算其他标准层工程量；

（5）基础层不需要输入，系统会自动产生一个，在所有楼层的最下面；必须有 1 层存在，并且 1 层不能和其他层做标准层输入。

2. 总信息

总信息包括：散水宽度、外墙裙高、室外地坪标高、房心回填土厚度和外墙及面层厚，可根据软件提示逐项输入。

3. 楼层的插入、删除和选择

楼层的插入：将光标移动至某楼层处，点击【插入楼层】按钮，即可在该楼层前插入一空行。

楼层的删除：选择要删除的楼层为当前行，点击【删除楼层】按钮，即可删除该楼层。如果在没有存盘的情况下删除楼层，所画图形将不可恢复，请慎重使用。

楼层的选择：楼层建立完毕，单击【确认】按钮确定输入的信息，并退出楼层定义对话框。若用鼠标左键选择下拉式菜单"楼层"→"楼层选择"，可根据需要选择某一楼层为当前层进行操作。

三、轴线定位

轴线定位在绘制图形时是非常重要的一步，影响到后续图形输入的正确与否。在各类图形算量软件中的轴线输入方式主要有两种：一是利用 CAD 绘图输入方式输入；一是软件公司自定的绘图规则。不论利用哪一种方式，各类图形算量软件在绘制轴线时一般采用直线、圆弧及其组合进行绘制，把轴线网先布置起来，然后再利用各图形算量软件提供的编辑修改命令，将轴线网修改至与施工图相符合的形式。广联达图形算量软件提供了轴线的输入与编辑，其中轴线可分为主轴线和辅助轴线。通过主轴线的绘制可快速得到轴线网，而辅助轴线是一个重要的工具，是对主轴线的补充和辅助。下面以广联达图形算量软件为例说明轴线定位的操作。

1. 主轴定义

在下拉式菜单中点取菜单项"轴线"→"主轴定义"即可进入主轴定义对话框。

在对话框中有如下信息需要输入或选择：

（1）轴网类型：分正交轴线、圆弧轴线和斜交轴线三种，可用鼠标或键盘选择；

（2）轴网号：若遇到复杂的图形坐标系，可将其分解为多个单一类型的坐标系（如正交、圆弧、斜交等），然后逐个输入，轴网号根据输入轴网的顺序由软件自动生成；

（3）下开间：指水平方向的轴线间距，轴线的编号位置在图纸下方。输入的基本格式为："编号，间距，编号"，例如："1，3000，2，2100，3"；

(4) 左进深：指垂直方向的轴线间距，轴线的编号位置在左方。输入的基本格式为："编号，间距，编号"，例如："A，3000，B，2100，C"；

(5) 上开间：输入数据同下开间，但轴线的标注位置在坐标系上面；

(6) 右进深：输入数据同左进深，但轴线的标注位置在坐标系右面；

输入一个轴网后，可点取【保存】按钮，全部信息输完后点取【确认】按钮即可退出"主轴定义"。

2．辅助轴线

使用辅助轴线功能时，可在"轴线"菜单下，点取需要的辅助轴线菜单项即可；或鼠标左键单击编辑工具栏中的 ▦ 按钮，在工具栏下方会出现一行辅助轴线的图标：

▦▦▦▦▦ ，分别表示辅助轴线生成的方式，包括：平行辅轴、两点辅轴、点角辅轴、轴角辅轴、圆弧辅轴。

辅助轴线的图标中还有：▨▨▨▨▨▨▨▨▨▨ ，分别表示选择删除、全部删除、复制、移动、旋转、端点连接、正交主轴、圆弧主轴、斜交主轴、修剪辅轴、恢复辅轴、标注位置等编辑命令。

在绘制主轴和辅轴时，应将其全部绘制完毕后再进行其他构件的绘制，不要在构件的绘制中进行轴线的删改，这种操作易使汇总计算的结果不稳定、不准确。

【例2-2】 输入如图2-8所示的轴线，且辅轴1/A与B轴的距离为1000mm。

操作如下：

(1) 主轴定义：在主轴定义对话框中输入如下信息（见图2-9）；

(2) 点击【保存】按钮，再点取【确认】按钮，退出主轴定义对话框；

(3) 点击【辅助轴线】按钮，在弹出的工具图标中，选取【平行辅轴】按钮；

(4) 左键选取B轴线，右键中止；

(5) 在弹出的平行辅轴对话框中输入：

偏移距离 −1000（因该辅轴在相对于B轴的下方，所以输入负值）

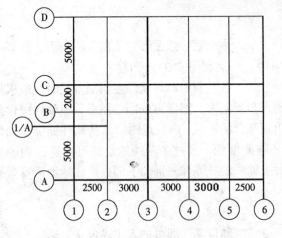

图2-8 轴线图

轴线编号 1/A，点击【确认】按钮，退出对话框；

(6) 单击【修剪辅轴】按钮，左键定位1/A轴与2轴的交接点，右键中止；

(7) 出现选择图标后，用左键选择交接点右边的1/A轴线，右键中止；

(8) 轴线绘制完毕。

【例2-3】 绘制如下图2-10所示的轴线。

图 2-9　主轴线定义对话框

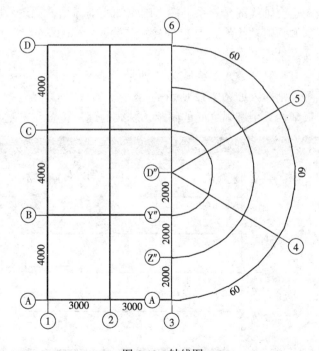

图 2-10　轴线图

操作如下：
(1) 分析该轴线，可将其分为两个坐标系：正交轴线和圆弧轴线；
(2) 正交轴线的操作可参考例 2-2，如图 2-11；
(3) 圆弧轴线的输入要注意：

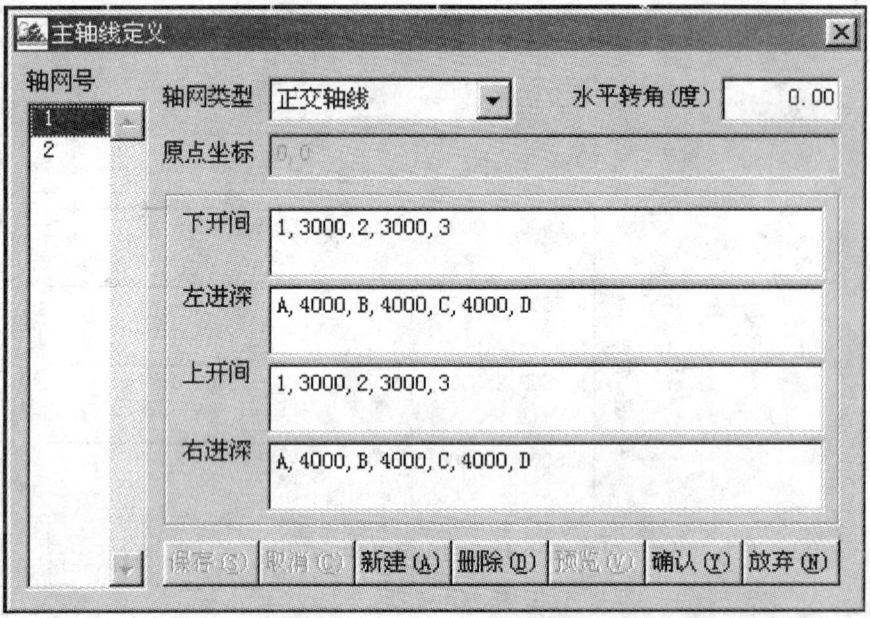

图 2-11 正交主轴定义对话框

原点坐标：因在正交轴线的坐标系上插入圆弧轴线坐标系，原点坐标应输入原正交轴线原点的相对坐标，如圆弧轴线的原点 D"的坐标应输入：6000，6000。

下开间：是指圆弧坐标系中圆弧半径之间的夹角，逆时针为正，顺时针为负。定义后轴线的标注位于背圆心一侧。输入的格式为"轴号，角度，轴号，……轴号"，如轴线号是连续的且夹角相等，则输入如图 2-12 所示的格式："3，60*3，6"。

左进深：指圆弧坐标系中圆弧之间的间距，轴线的编号位置在末尾半径一边。输入的

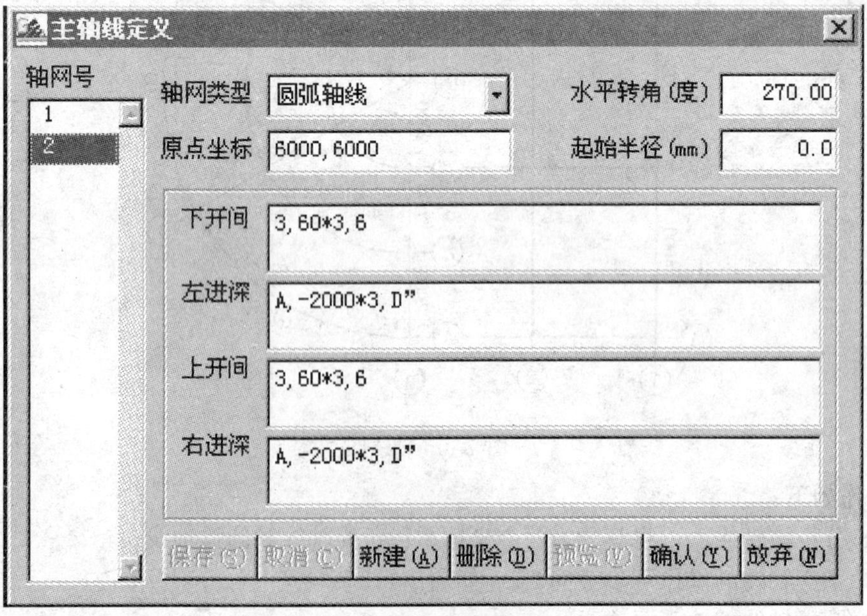

图 2-12 圆弧主轴定义对话框

格式为"轴号，弧距，轴号，……轴号"。如轴线号是连续且弧距相等则输入如图 2-12 所示的格式："A，-2000*3，D'"。

（4）将输入的两个坐标系保存、确认后（见图 2-11、2-12），退出主轴定义对话框，即在绘图区显示该轴线。

第五节 绘图计算

根据目前建筑结构的特点，在绘图输入时可按照柱、梁、板、墙、门窗、基础、楼地面、顶棚、墙面、其他等顺序，也可按照建筑图、结构图、基础图等顺序来操作，应根据工程的建筑结构和施工顺序选取合理的输入顺序。

为了使画图和套定额子目紧密结合，在众多图形算量软件中都采用在确定构件尺寸时定义构件的做法，从而在绘制图形的同时即计算出构件的工程量，并根据其施工特征，选择相应的定额子目来套用。各图形算量软件中定额子目的选套主要包括以下步骤：

1. 子目输入

根据分项工程的特征，在做法子目表中相应的定额号栏中直接输入一个定额号，该子目的内容会进入做法中，构件绘制完毕后，其工程量直接套用选定的定额子目。这种方式方便快捷，但要求熟悉定额子目。若对子目不够熟悉，许多软件也提供了相关的查询输入，如按属性查询、按章节查询、按标准图集查询等等。

对于定额里没有的子目，可根据各软件的要求输入补充子目，补充子目的输入需考虑格式、单位、人工材料机械单价及费用、子目基价等内容。

2. 工程量表达式编辑

子目输入后，一般子目所对应的工程量表达式也已确定，对于特殊情况，可以对工程量变量进行修正。工程量表达式非常重要，关系到将来子目工程量结果的正确性，所以在输入每一个子目后对工程量表达式都要做相应的检查和修正。

3. 子目换算

在实际工程中，定额子目常常需要换算和调整，常用的换算有砂浆强度等级换算、混凝土强度等级换算、人工或材料机械乘系数换算、子目相加或相减换算等，可根据各类图形算量软件的要求进行操作。

在建立项目，输入楼层信息，并定义了轴线后，就进入正式的绘图阶段。各类图形算量软件的最主要特点就是和定额的紧密结合，所以绘图和查套子目要结合起来进行。下面以广联达图形算量软件为例，说明图形绘制的操作。

一、柱的绘制

绘制柱的主要步骤包括：进入操作软件→属性定义→画柱→柱的修改→查询柱工程量。

广联达图形算量软件中柱的绘制可选取下拉式菜单的"绘图"→"柱"，或点击按钮 即弹出编辑工具栏 ，进入画柱的状态。

1. 柱的属性定义

用左键选取下拉式菜单的"绘图"→"柱"→"属性定义",或点击编辑工具栏中最左边的属性定义按钮 ,系统即弹出柱属性对话框(如图2-13所示)。

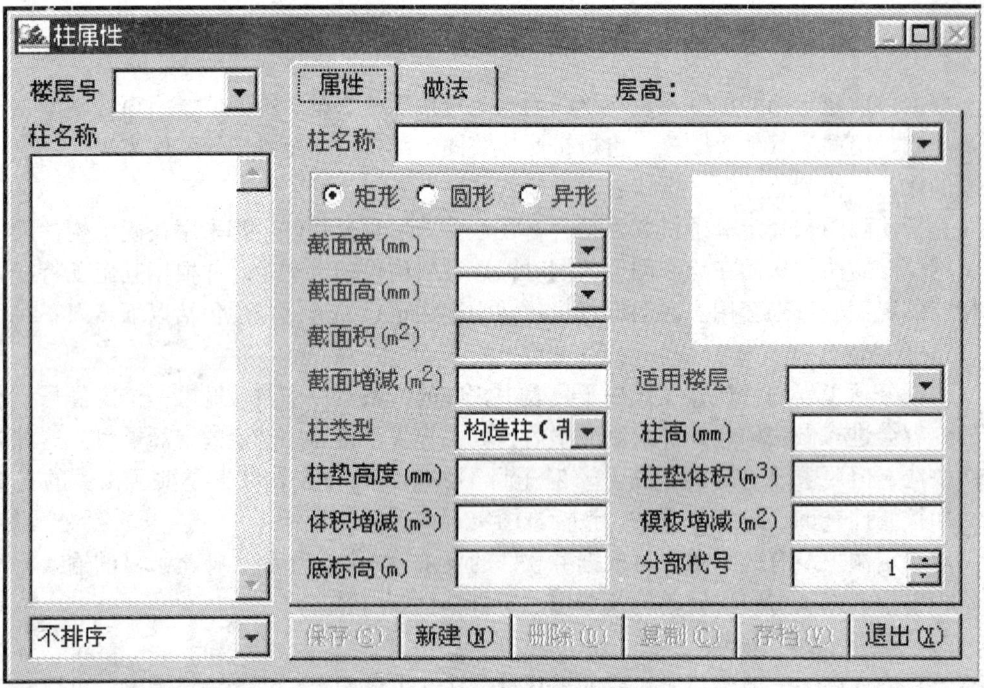

图2-13 柱属性定义对话框

对话框的界面包括柱名称、柱截面形状选择等项目,可根据软件提示逐项输入。

在进行属性定义时,先点击【新建】按钮,然后输入名称等其他属性。输入完属性后,点击【保存】按钮,可以接着输入一个新的柱属性。全部柱的属性定义完毕后,点击【退出】按钮退出属性定义对话框,直接进入画图状态。所有构件都要经过属性定义的步骤,这是非常重要的一步。一定要按照图纸认真、准确地定义构件属性,并查套各构件的做法子目,这是软件进行工程量计算的主要依据之一。

2. 画柱

在柱工具栏中点取画图按钮 ,就可以切换至画图状态,或选取下拉式菜单的"绘图"→"柱"→"画柱",亦可进入画图状态。

画柱可用鼠标左键点取轴线交点,这时柱的中心点与轴线的交点重合。若在工程中存在偏心柱,可以利用偏移画法来偏移柱的位置,也可以利用中点捕捉和交点捕捉法来改变柱子的插入位置。

3. 布置柱

这是一种快速画图方法,通过拉框选择轴线交点,一次可在选中的所有轴线上布置出柱来,特别适合于框架结构、排架结构等快速画柱。

操作是：选择需要布置的柱属性，然后再点击柱工具栏中的按钮 ![] 或选取下拉式菜单"绘图"→"柱"→"布置柱"后，即可进入柱布置状态。用鼠标拉框的方法选取轴线交点，可一次在所有选中的轴线交点上画出柱。

4. 修改属性

点击柱工具栏中的按钮 ![] ，或用鼠标左键选取下拉式菜单"绘图"→"柱"→"修改属性"，即可进入修改属性状态。

鼠标左键选取需修改属性的柱，被选取的柱会变成暗红色，选完后按鼠标右键弹出柱修改属性对话框，其操作基本同柱属性定义，修改完后点取【确认】按钮，则被选中的柱属性被修改。

5. 提取属性

直接用鼠标点取柱工具栏中的属性提取按钮 ![] ，再点取需要提取属性的柱，则该柱会成为当前柱，后续所画柱的属性和当前柱相同。

6. 删除、复制、移动、旋转、镜像

柱的编辑命令，可对柱进行删除、复制、移动、旋转、镜像等操作，根据图形的具体要求，选取合适的操作方法，可提高绘图效率。在操作时，可参考提示栏的提示要求。

7. 查工程量

在汇总计算以后，可以在报表中查看汇总工程量，也可以用鼠标点取每道柱以查看每道柱的工程量。

操作是：选取下拉式菜单"报表"→"汇总计算"，再点取柱工具栏中的 ![] 按钮，

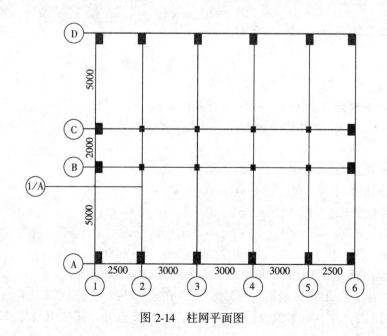

图 2-14 柱网平面图

点取需要查工程量的一道柱，则该柱的工程量会在窗口弹出。

【例2-4】 布置如图2-14所示的柱。

其中：1、6轴线和A、D轴线上的柱Z1，截面为400×600，B、C轴线（除1、6轴线外）上的柱Z2，截面为300×300。

操作如下：

（1）柱Z1的属性定义，如图2-15所示，其中"做法"栏根据施工图纸来确定应套用的子目，本例是套用广东省1998年定额的柱模板的制安（模板周长180cm以上）、柱混凝土的浇捣C25混凝土20石、柱面抹灰1∶2∶8水泥石灰砂浆底，1∶1∶6水泥石灰砂浆面5厚等子目（如图2-16）；

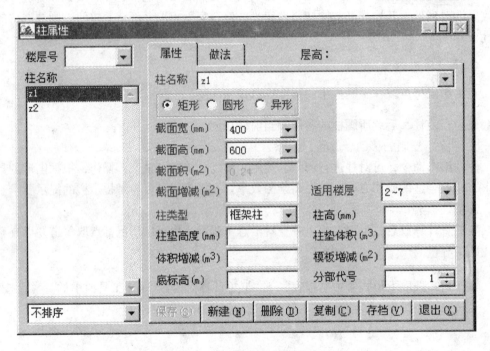

图2-15 柱属性定义对话框

（2）柱Z2的属性定义，基本同Z1；

（3）退出属性定义对话框，提取Z1的属性；

（4）画柱Z1，因Z1柱均为偏心柱，可采用改变插入点的方法。打开柱偏移对话框，可分别输入：

轴1、A处的Z1　c1—0　c2—400　d1—0　d2—600

轴1、D处的Z1　c1—0　c2—400　d1—600　d2—0

轴6、A处的Z1　c1—400　c2—0　d1—0　d2—600

轴6、D处的Z1　c1—400　c2—0　d1—600　d2—0

轴1、BC处的Z1　c1—0　c2—400　d1—300　d2—300

轴6、BC处的Z1　c1—400　c2—0　d1—300　d2—300

Z1柱在轴线A、D上的绘制，可参考柱Z1在其他轴线上的操作方法；

（5）画柱Z2，Z2柱在轴线2、3、4、5与B、C交点处，其柱中心与轴线交点重合，可直接画柱。

注：在画轴线 A 或 D 上的 Z1 柱时，因柱的偏移量是相同的，也可以画完一个柱，再用复制命令来画其他位置的柱：鼠标左键点击复制按钮，左键选取已画好的柱，右键结束，再左键选取已画好柱的基准点（一般选轴线交点），就可拖动鼠标移至需画柱的位置，右键结束。

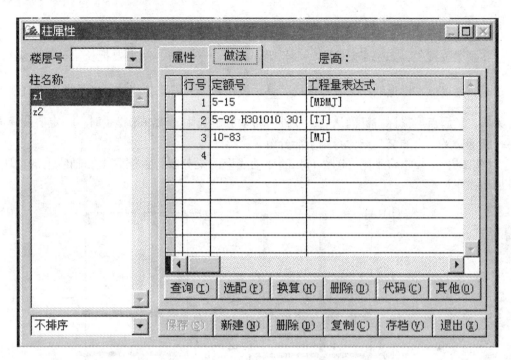

图 2-16 柱做法输入对话框

二、梁的绘制

在各类图形算量软件中，梁的种类一般划分为：框架梁、板底梁、圈梁、基础梁、预制梁、混凝土墙中暗梁以及满堂红基础上的肋梁等，要求在定义梁的属性或输入梁的特征时一定要选择正确的类别。广联达图形算量软件中梁的绘制步骤一般为：属性定义→提取属性→画梁→梁的修改→查询梁的工程量。

用左键选取下拉式菜单的"绘图"→"梁"，或点击 [图] 按钮即可弹出编辑工具栏。

对梁的主要操作有：属性定义，画梁操作，布置梁，修改属性，提取属性，选择删除，全部删除，查工程量，梁分解，梁合并，梁修剪，梁延伸，梁复制，梁移动，梁旋转，梁镜像，梁拉伸，梁层管理。

1. 属性定义

用鼠标左键点取下拉式菜单"绘图"→"梁"→"属性定义"，或点取工具栏的梁属性定义按钮 [图] 即弹出梁属性对话框。

梁属性定义对话框与柱属性定义对话框基本相同，可参考柱属性定义对话框的操作进行梁信息的输入。要注意的是，因梁的结构类型比较多，应根据施工图中对梁的设计要求,先将梁根据结构进行分类,再按照图形算量软件中对梁的划分,一一对应并选择相应的梁类型。

2. 画梁操作

画梁操作与画柱操作亦基本相同,均有画梁和布置梁命令。在画梁命令中,也要先选取某个已定义属性的梁,再用鼠标左键在轴网上选定梁的起点和终点,右键结束命令。

3. 梁分解

在画梁过程中,如果需要删除一个长梁中的其中一段时,就需要把长梁分解为短梁。

操作是:用鼠标左键点取梁工具栏中的 按钮,选取需要分解的梁以及把长梁打断的交叉梁,然后点取鼠标右键确认后,软件会自动分解选中的梁。选择梁时,一定要选择需要打断的交叉点上的交叉梁,否则不能分解。

【例2-5】 要求将下图(图2-17)的2轴线上的梁分解,并删除B-C轴线上的梁段,应如何操作?

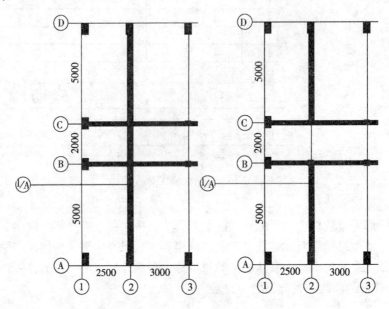

图 2-17 梁的分解

操作如下:

(1) 左键点击梁分解按钮;
(2) 左键选取需分解的梁:2轴、B轴、C轴,或拉框选择,右键结束;
(3) 在弹出的对话框中点击【是】按钮;
(4) 左键点击梁选择删除按钮;
(5) 左键选取2轴上的BC段,右键结束;
(6) 该段梁被删除,如图2-17的右图所示。

4. 梁合并

梁合并和梁分解相反。执行梁合并功能，可以将短梁合并为长梁。

操作是：用左键点取梁工具栏中的按钮 ![按钮]，再左键选择需合并的梁，右键确认即可。

5. 梁复制

在实际工程中，一层楼上往往有局部梁布局完全相同的情况，如住宅的单元、宾馆的标准间等等，对这种情况可以只画其中一块（如一个房间或一个单元），对其余相同的图块就可以用复制的办法直接复制到其他地方，而不用重复画。

操作是：在画好一个图块后，点取梁工具栏中的按钮 ![按钮]，用鼠标单选或框选需要复制的所有梁，选择完毕后，按鼠标右键，定位一个复制的插入点（该点是复制的基准点，和复制的目标点重合），然后用鼠标点取要复制的目标点（该点和原基准点相对重合，起定位作用），则选中的梁即可全部在新的位置上复制出，可以通过连续点取目标点进行连续复制。要注意的是在定义好一个块时，按提示可以连续复制多个地方，若复制后生成的梁和已有梁重复，该梁就不复制。

6. 梁移动

梁移动是使梁的位置发生改变，从一处移动到另一处。如果梁是偏心梁，除在属性定义中输入与轴线偏移的距离，也可以使用梁移动的命令使梁偏移到合适的位置。

操作是：点取梁工具栏中的按钮 ![按钮]，左键选择需要移动的梁，右键结束，再左键选取一个移动的基准点（或 Ctrl 加左键输入偏移的数值 X、Y，再确认），然后点取新的目标点，则选中的梁即可全部移动到新的位置上。

7. 梁修剪

就是以某道线为边界线（可以是梁、轴线或墙、梁等），将和它交叉的梁的局部（上下左右）删除。

操作是：用左键点取梁工具栏中的按钮 ![按钮]，先选择修剪的边界线，左键点取某条梁或轴线等线作为边界线，然后左键点取和它交叉的梁进行剪切，鼠标点取哪边，哪边被修剪掉。

8. 梁延伸

以某道线为目标边界线（可以是梁、轴线或墙等），将没有和它交叉的梁延伸到和边界线的交点上。

操作是：用鼠标左键点取梁工具栏中的按钮 ![按钮]，先左键选取目标边界线，再用左键点取要延伸的梁，则该梁的一个端头会自动延伸到目标边界线的交点上。如果没有两道线平行或已经交叉，则梁不会延伸。

9. 梁拉伸

用梁拉伸的办法可以移动梁的端点。

操作是：点取梁工具栏中的按钮 ◁ ，用鼠标在屏幕上拉框选择需要移动的梁端点，用左键点取一个基准点，再点取目标点，系统将按目标点与基准点之间的 X、Y 方向偏移距离来拉伸梁。拉伸选的是梁的端点，而非梁本身，如果梁的两个端点同时被选中，两个端点同时被拉伸，即与执行梁移动等同，如果同时选中多道梁的端点，则多道梁同时被拉伸。

10. 梁旋转

操作是：点取梁工具栏中的按钮 ，左键选择需要旋转的梁，右键结束，左键定位一个旋转基准点（或按 SHIFT + 鼠标左键输入基准点坐标），然后按 SHIFT + 鼠标左键输入旋转角度即可。

11. 梁镜像

若在施工图中存在左右对称的情况，可以只画对称的一半，另外一半用镜像命令复制出来。镜像是翻转 180°复制。

操作：点取梁工具栏中的按钮 ，选择所有需要镜像复制的梁，选择完毕后，按鼠标右键，然后按提示用鼠标点取两点，这两点组成的直线就是镜像翻转的镜像线，点取第二点后，镜像复制即可完成。在点取两点的中间，镜像线和复制的效果都可以直观的看到。

【例 2-6】 如下图所示（图 2-18）的梁应如何输入？
其中 L1、L2 均采用 C20 混凝土浇捣（现场搅拌机），L1、L2 所在楼层层高为 3.0m。
且 L1—250mm×500mm 位于轴 1、2、3、4、5 的 A-C
L2—250mm×300mm 位于轴 A、B、C 的 1-5 和轴 1/B 的 1-2、4-5

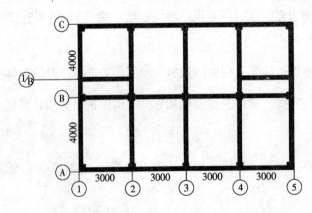

图 2-18 梁布置平面图（单位：mm）

操作如下：

(1) L1、L2 的属性定义（做法的子目输入可参看柱的做法）；

(2) 选取 L1 属性，画 1、2、3 轴上的 L1，因 1 轴的 L1 其外边线应与 1 轴线平齐，要对该梁进行偏移，左键点击梁移动按钮，再用左键选取 1 轴的 L1，右键结束，按 Ctrl 键加左键弹出偏移对话框，输入偏移值：$X=125$、$Y=0$，确认即可；

（3）选取 L2 属性，画 A、B、1/B 轴上的 L2，同理 A 轴的 L2 需偏移，偏移值为：$X=0$、$Y=125$；

（4）4、5 轴上 L1 的可以用镜像的命令。左键点击镜像命令的按钮，左键选取需镜像的梁—1、2 轴上的 L1，右键结束，左键选取镜像线的第一点 C-3 和第二点 A-3，右键结束，在弹出的镜像命令对话框中选择否，退出即可看到 4、5 轴上已布置了 L1；

（5）同理画出 C 轴的 L2，图中的梁绘制完毕。

三、板的绘制

在广联达图形算量软件中，板的绘制的操作与画柱和梁的操作基本相同。

用左键选取下拉式菜单"绘图"→"板"→"属性定义"，或点击工具栏中的按钮即可进入板的绘制状态。绘制板的主要步骤：属性定义→提取属性→画板→板的删改→查工程量。

1. 属性定义

属性定义对话框如图 2-19 所示。

2. 画板

板有三种画法：矩形板、圆形板和异形板。

异形板画法：用逐点连线的画法来构成一个多边形。点取窗口左边工具栏中的按钮，逐点捕捉多边形的顶点，当多边形闭合后，就可画出一个异形板。如果需要画弧线，可在左边工具栏中选择圆弧的类型进行绘制。

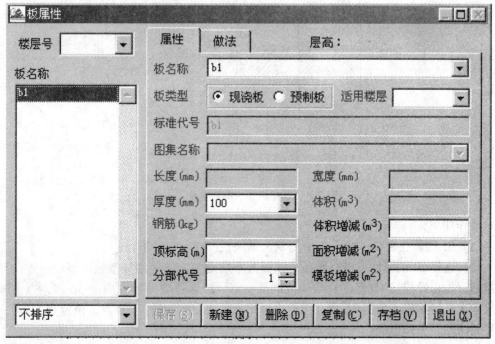

图 2-19 板属性定义对话框

矩形板画法：点取窗口左边工具栏中的按钮 ▭ ，然后点取矩形对角线的两点，就可画出一块矩形板。

圆形板画法：定位圆心和半径的画法来构成一个圆形板。点取左边工具栏中的按钮 ⊙ ，先在左边工具栏中输入半径（mm），再点取圆心，或先点取圆心，再拖动圆的半径到某个轴线交点再点取，均可画出一块圆形板来。

3. 布置板

若进行布置板的操作，则必须在墙体和房间生成后方可进行。

4. 板的删改和查询工程量

板的删改和工程量的查询均可参照柱、梁等构件的操作。

【例2-7】 画出如下图（图2-20）所示的楼板，该楼板厚100mm，C20混凝土20石的现浇板，层高3.2m。

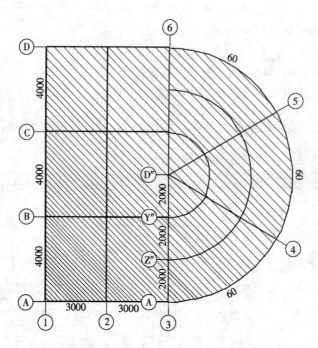

图 2-20 板平面布置图（单位：mm）

操作如下：

（1）B1 的属性定义，如图 2-19 所示，做法栏可查套相应子目；

（2）选择 B1 的属性，进行画板。该板为不规则板，可采用异型板的画法：点击异型板按钮，先左键捕捉 1D 点，开始画板的第一点，接着按顺时针方向是 3D 点，点击画圆弧（顺大弧）按钮，捕捉 3A 点，再点击异型板按钮，左键捕捉 1A 点，最后是 1D 点，该图形封闭后，板即生成；

（3）图形绘制完毕。

四、墙的绘制

用左键选取下拉式菜单"绘图"→"墙"→"属性定义",或点击工具栏按钮 ▨ ,即可弹出编辑工具栏。画墙体的主要操作步骤是:属性定义→提取属性→画墙→墙体的修改→查工程量。

1. 属性定义

在属性定义对话框中输入项可参考柱、梁的属性定义对话框,其中:

墙体名称:建议输入名称时应表现出该墙体的特性,如"内墙180"表示墙厚为180的内墙,"外墙240"表示墙厚为240的外墙等,以便于识别和管理。

墙体材质:分砖墙、现浇混凝土墙、预制混凝土墙等,这里的材质应和各省定额相对应。

墙体类别:分内墙、外墙、填充墙、间壁墙、女儿墙和虚墙等。虚墙的作用在于对空间的分割,假设楼梯间和走廊之间并没有隔墙,但两者的装修方法并不相同,为了使软件能够对二者区分开来,可以在楼梯间和走廊之间布置一道虚墙,软件不计算虚墙的工程量。

高度的输入:若在高度栏中不输入数值,则软件自动取定层高为墙体高度。若在框架结构中,墙体的高度在计算时,软件会自动扣除墙上梁的高度。

墙的做法:根据施工图选定相应子目。

2. 画墙

墙的画法可参考柱、梁、板的画法。

在画墙时也可能会遇到需要捕捉非轴线交点的一些特殊点,例如垂点、其他构件的交点、中点等,其操作可采用下面的方法:

垂点捕捉:先捕捉到任意一点,再点取左边工具栏中的按钮 ⊥ ,然后左键选取一道线(可以是墙,也可以是轴线和梁等),即可作出从定点到该线的一道垂线墙。

中点捕捉:点取左边工具栏中的按钮 ― ,然后左键选取一道线(可以是墙,也可以是轴线和梁等),捕捉到该线的中点,即可绘制从中点到某点的墙体。和垂点捕捉不同的是,垂点必须是画墙的第二点,而中点可以是起点。

交点捕捉:点取左边工具栏中的按钮 ✕ ,再分别点取两条交叉的线(可以是墙,也可以是轴线和梁等)即可。

五、门窗洞的绘制

门窗洞包括门、窗、门联窗和墙上洞口。用鼠标左键点取主菜单页下"绘图"→"门窗洞"→"画门窗洞",或点取实体工具栏中的按钮即可弹出编辑工具栏,门窗洞口的绘制可参考柱、梁、板、墙的绘制。

在画门窗时不要过于计较门窗的精确位置,能确定它在哪段墙上即可,因为它不会影响到软件对门窗工程量的计算。如果选中的某墙上已有门窗,该墙则不能再布置新门窗。

六、过梁的绘制

左键选取下拉式菜单"绘图"→"过梁"→"属性定义",即可进入属性定义对话框。

在过梁的属性定义对话框的输入中,过梁因其所在的门窗的不同而不同,因此在输入过梁名称时,应使其能够标识其所适应的门窗。且过梁的高度和长度经常取决于门窗洞口的宽度,要注意施工图结构总说明对过梁的要求。

在输完过梁属性后,点取【确认】按钮返回,即进入画过梁状态。按照屏幕右下角提示行提示,用鼠标左键依次点取过梁所在的门窗洞,即可在鼠标点取门窗洞上画出过梁,过梁在门窗上用一个小的圆圈来表示。

【例 2-8】 画出下图所示(图 2-21)的墙体、门窗和过梁。

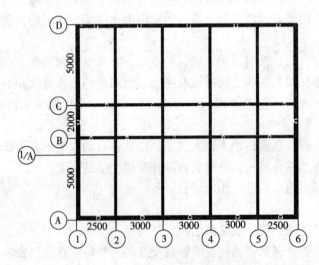

图 2-21 墙体、门窗、过梁布置图

其中:外墙厚 240mm,内墙厚 180mm 墙,红机砖,内外墙均采用 M5 的水泥石灰砂浆砌筑。

门窗表:

编 号	洞口尺寸(宽×高)	数 量	备 注	位 置
M1	1500 × 2100	2	普通夹板门	1、6 轴线的 B-C
M2	900 × 2100	10	普通夹板门	B、C 轴线的 1-6
C1	1500 × 1500	10	国标钢窗	A、D 轴线的 1-6

对过梁的要求:

(1) 非抗震区,洞宽在 1000 以下,用砖砌平拱,拱高 240,用 MU7.5 砖,M10 混合砂浆砌筑,当洞宽在 1000~1200 时,采用钢筋砖过梁,梁高取洞宽的 1/4;

(2) 当洞宽在 1200~1500 时,用钢筋混凝土过梁,梁宽同墙厚,梁高为 1/8 洞宽,梁的支座长度不小于 250;

(3) 当洞宽大于 1500 时,用钢筋混凝土过梁,梁宽同墙厚,梁高为 240,梁的支座长度同梁高;

(4) 采用钢筋混凝土过梁时,过梁混凝土用 C20。

操作如下:

(1) 墙体的属性定义,在属性定义对话框中分别输入或选择"内墙18、红机砖、墙厚180mm、内墙;外墙24、红机砖、墙厚240mm、外墙"等信息;

(2) 提取"内墙18"属性,画内墙;

(3) 提取"外墙24"属性,画外墙,因外墙为偏心墙体,在绘制时,应采用偏移命令;

(4) 门窗的属性定义,根据门窗表输入属性定义对话框,要注意正确选择门窗类型;

(5) 分别提取门窗属性,按其图上的位置来进行绘制;

(6) 过梁属性定义,根据门窗表和结构总说明中对过梁的要求,该图上共有两种类型的过梁:

GL1000—砖砌平拱过梁,适用于M2,过梁高240,长同门宽,过梁宽同墙厚;

GL1500—钢筋混凝土过梁,适用于M1、C1,过梁高180(考虑砖的皮数),长为门宽加支座长度(支座长度取250),过梁宽同墙厚;

(7) 根据门窗的位置,提取相应过梁的属性,画在门窗上。

七、墙垛和壁龛

墙垛和壁龛的画法与墙体的画法基本相似,需要说明的是:

(1) 墙垛的属性定义对话框中,装修长度是指墙垛突出墙面部分的截面装饰长度;贴墙长度是指墙垛接触墙面部分的长度。

(2) 在画墙垛时,要先用左键点取墙垛所在墙体,当用鼠标捕捉到一道墙体时,墙垛的形状会立即在墙的一边出现,可以移动鼠标使墙垛出现在合适的位置上,然后点取鼠标左键,则该墙垛会画在鼠标点击的位置上。

(3) 壁龛主要指需要扣减墙体工程量的壁柜、配电箱、暖气龛等。

(4) 在画壁龛时,其操作与墙垛相同。

八、房间装修和外装饰

房间装修和外装饰包含有:房间装修、单墙装修和外墙立面装修三个方面。若各个房间的装修形式是一致的,采用"房间装修"进行操作,较为方便;若有个别内墙面的装修与房间装修不一致,可采用"单墙装修"的操作;而"外墙立面装修"主要适用于外墙装饰。

操作步骤一般为:进入房间装修状态→生成房间→定义房间属性→定义房间→单墙装修→外墙立面装修。

1. 进入房间装修状态

左键选取下拉式菜单"绘图"→"装修做法"→"房间装修"→"属性定义",或点击工具栏中的按钮 ▦ 即可弹出编辑工具栏,进入房间装修状态。

2. 生成房间

点击鼠标右键,从弹出的菜单中选取"生成房间"菜单项,软件会自动生成房间。当房间生成后,所有房间即变蓝色(表示房间尚未定义)。如有房间没有生成,应检查该房间周围的墙体是否有断开的情况,可用放大功能放大查看,如有则需修改;如果确实需要墙体断开,而又要有房间的话,请画虚墙连接以便生成房间进行后面的操作。

3. 属性定义

点取工具栏中的【属性定义】图标,弹出属性定义对话框。

在属性定义对话框中,要注意的是"做法"栏,应按照施工图上的建筑说明,逐条输入相关子目。例如:楼地面做法(找平层,整体面层或块料面层等)、踢脚线做法(底层,面层)、墙面做法(抹灰底层,块料面层或整体面层)、顶棚做法(抹灰或吊顶棚等)。另外,在"做法"栏中,还有"工程量表达式"项目,因各地定额的计算规则不尽相同,如踢脚线子目,有的地区以平方米计算,有的以延长米计算,因此应选择合适的工程量表达式。

4. 定义房间

点取定义房间按钮 ▣ ,即进入定义房间状态,提取某房间属性,用鼠标左键点取房间,即出现房间的名称,表示该房间的装修状态与属性定义的房间相同,同时房间的颜色会变成绿色。

5. 单墙装修

如果一个房间里或外装饰中的一道墙的装饰与其他墙体均不相同,需要单独装饰,此时应采用"单墙装饰"的功能,点击按钮 ▣ 即可进入单墙装饰状态。

单墙装饰有两个步骤:墙面属性定义 → 单墙装饰布置,具体操作方法与房间装修的操作方法基本相同,可参考进行。

6. 外墙立面装修

选取下拉式菜单的"绘图"→"装修做法"→"外墙装修",弹出"做法"窗口,在此窗口中查套子目,并在工程量一栏中调整或选用需要的变量即可。

九、条形基础

点击 ▣ 按钮即可进入画条形基础状态。

条形基础的画法与柱、梁、板、墙等构件的画法相似。但在条形基础属性定义对话框中,要求对条形基础采用截面分层的方法输入,即将条形基础的截面按材质或套用子目的不同分成若干层,如垫层、钢筋混凝土层、砖基础层等,然后逐层输入数据,输完整个截面后,一次画出。

在进行条形基础的绘制时应注意:

(1) 在条形基础的输入属性对话框中应从垫层开始逐层往上输入数据,输入一层的数据后,再点击【上层】按钮,输入另一层的数据。如:输入完基础截面的最底层(垫层)的数据后,点取【上层】按钮,即可输入上一层的基础层。

(2) 在属性定义对话框中,条形基础的形状可根据软件提供的标准图集来选择,并应输入相关参数,确认后返回,则该层的基础宽度、高度和截面面积会自动计算并显示出来。

(3) 在定义条形基础的同时,可以定义该条形基础相应的挖土方量:点取"挖土方"页框,输入工作面总宽度(如钢筋混凝土基础的工作面宽度每边为300mm,总宽度为600mm)、槽宽、槽深和左右放坡系数等有关挖土方的参数。

(4) 做法根据施工图的要求，选择相应子目。

【例 2-9】 某条形基础剖面图如图 2-22 所示，垫层采用 C10 混凝土，基础采用 C25 混凝土，其属性定义应如何输入？

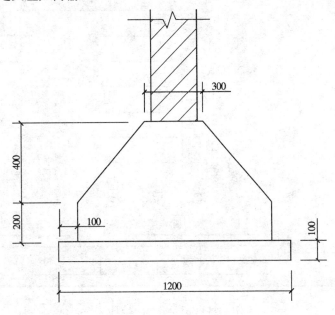

图 2-22 基础剖面图

操作如下：

(1) 分析该条形基础剖面图，由垫层和基础两部分组成，在属性定义对话框中应分两层输入；

(2) 输入垫层，见图 2-23 垫层属性定义对话框，并输入垫层的做法：垫层模板的制安、垫层混凝土的浇捣；

(3) 输入基础层，见图 2-24 基础层属性定义对话框，并输入条形基础的做法：条形基础模板的制安、条形基础混凝土的浇捣；

(4) 输入完毕，退出属性定义对话框，可进行基础的布置，通过查询布置的基础工程量核对输入的数据准确与否。

十、独立基础

点击 按钮即可进入画独立基础状态，独立基础的画法可参考上述构件的画法。

十一、满堂红基础

点击 按钮即可进入画满堂红基础状态，满堂红基础的画法可参考上述构件的画法。

在绘制满堂红基础时应注意：

(1) 满堂红基础分板式和筏式，另外还有箱形基础。对板式满堂红基础，可以直接画图；筏式满堂红基础除了画出底板外，还需要用画梁的方法画肋梁；对于箱形基础，底板用满堂红基础来画，对底板以上顶板用画板的形式来处理，剩余的梁、柱和墙就用梁、柱、墙来处理即可。

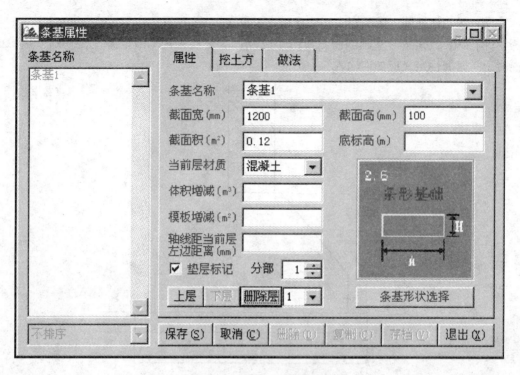

图 2-23 垫层属性定义对话框

（2）布置满堂红基础，是指根据基础层上面一层的房间或外墙组成的最大房间来构造出满基，所以要布置满堂红基础就必须先画墙并生成房间，然后才能进行布置满堂红基础的操作。

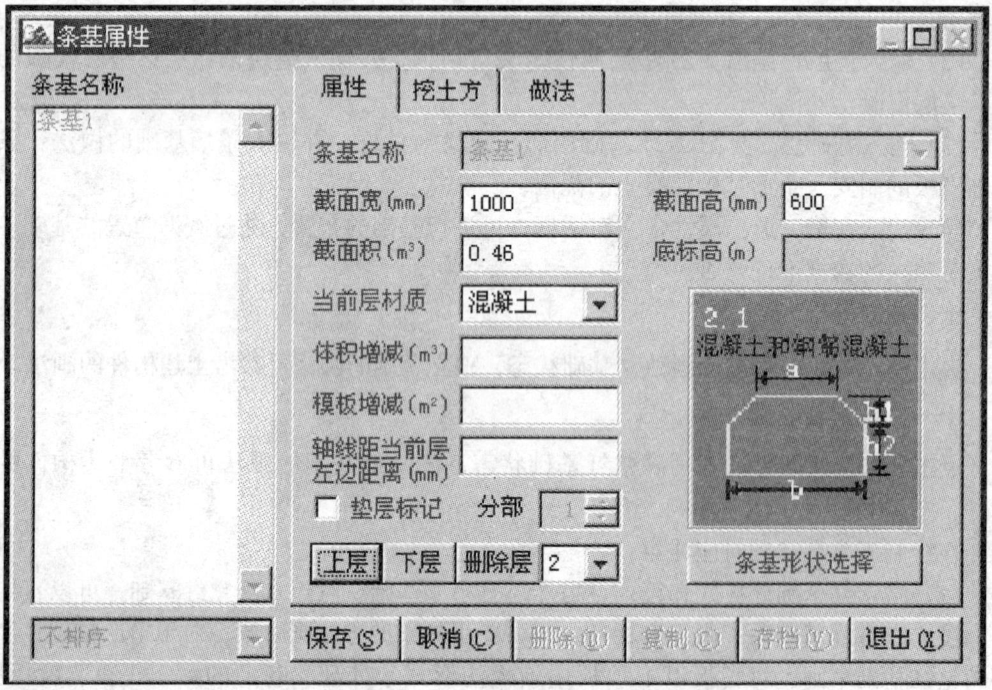

图 2-24 基础层属性定义对话框

(3) 进入布置状态后，屏幕会自动弹出本层墙体和房间。如果要画的满基覆盖所有房间，可以左键点取建筑内的任意位置，然后在弹出的对话框中确定满基边线是按照大房间墙轴线（中心线）、放到墙的外边线、缩到墙的内边线还是输入一个固定的缩放距离（输入的缩放距离是从墙的中心线开始计算），确认后即可看到生成的大满基。如果只在局部几个房间上面布置满基，可以按提示直接点取房间即可，操作同上。

十二、桩基础的绘制

软件对桩基的处理采取统计的方式进行计算，根据图纸将不同尺寸和类型的桩基分为几类，然后按软件要求逐类输入统计。例如"人工挖孔桩"的输入，先进入桩属性定义对话框（见图2-25），输入名称、桩长、个数、类型等数据，若在挖桩的过程中遇到岩层需输入入岩的体积。在做法中（见图2-26），人工挖孔桩的相关子目包括：人工挖孔桩、桩钢筋笼的制造安装、桩芯混凝土、凿桩头混凝土、石方运输，若遇淤泥流沙或岩层，则需考虑挖淤泥流沙或入岩增加费。

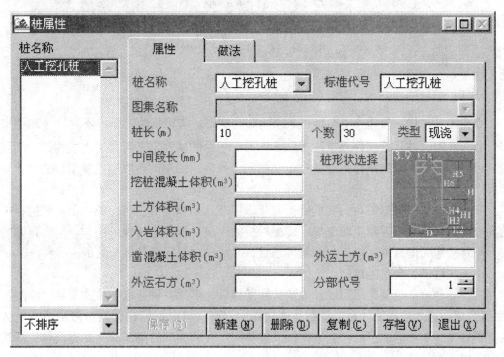

图 2-25 桩属性定义对话框

十三、桩承台的绘制

左键选取下拉式菜单"绘图"→"桩承台"→"属性定义"，即可进入绘制桩承台的状态，在桩承台属性定义对话框中，承台的形状可从标准图形中选取，再输入相关参数确认即可。图形中间的蓝点表示插入点，如果想改变其位置，点取基点定义按钮然后用鼠标左键点取新基点的位置。

属性定义对话框中的"其他页"，包括桩承台土方及桩的属性，桩属性主要包括：桩半径、桩面积、桩长度、桩体积（软件自动生成，可根据需要修改）、桩个数（该桩承台下桩的个数）；桩承台土方的属性主要包括：放坡系数（输入格式为：1∶0.33 或 0.33）、

图 2-26 人工挖孔桩子目做法

挖土深度、工作面宽（指单面宽度）。

十四、阳台的绘制

点击工具栏中的按钮 ■ 即可进入绘制阳台状态，应根据施工图将不同尺寸和类型的阳台分为几类，然后按软件要求逐类输入统计。阳台的属性定义可参考上述构件。画阳台时，可以在屏幕上看到鼠标拖动着已定义的阳台外框，用左键点取应布置阳台的墙体外皮即可。

阳台的做法可根据阳台的结构特征和装修标准选择相应的子目，如：阳台悬挑板模板的制安、阳台悬挑板混凝土的浇捣、砖混栏板的砌筑、混凝土压顶的制作、阳台顶棚的抹灰、阳台楼地面的装饰、栏板的抹灰等子目，并应核对工程量计算公式的准确性。

十五、雨篷、台阶的绘制

雨篷、台阶的绘制均采用统计方法计算工程量，可用左键选取下拉式菜单"绘图"→"雨篷"后即进入雨篷统计对话框。在该软件中，雨篷可以不画出，只做简单统计而达到既有子目又有工程量的目的。应根据图纸将不同尺寸和类型的雨篷分为几类，然后按软件要求逐类输入统计。

台阶的操作和雨篷的操作基本相同。

雨篷、台阶子目的输入按照其结构特征、装修标准等内容输入，可参考阳台子目的输入。

十六、屋面的绘制

屋面指建筑物上的屋面层，包括找平、保温和防水层等，并不是指屋面板。左键点击工具栏中的按钮 ■ 即可弹出编辑工具栏。

在属性定义对话框中：

坡度系数：指坡屋面的坡度系数，不是平屋面的找坡系数。坡度系数可以输入一个数字如 0.5，也可输入 "1/2"。

面积增减：如果屋面上有一些孔洞或突出，不能以画屋面或洞的方式解决，那么就可以先画一个规则的屋面，然后再输入一个面积增减量来调整工程量。

隔热层缩放：在屋面隔热层需要精确计算的地区，输入隔热层在屋面的基础上缩放的距离，汇总计算时软件会自动处理隔热层面积。

在布置屋面的操作中，要先画墙并生成房间，然后才能根据本层的房间或外墙组成的最大房间来快速的构造出屋面。用左键点取建筑内的任意位置，然后在弹出的对话框中确定屋面边线是按照墙轴线（中心线）、放到墙的外边线、缩到墙的内边线还是输入一个固定的缩放距离（输入的缩放距离是从墙的中心线开始计算），确认后即可看到生成的大屋面。如果只在局部几个房间上面布置屋面，可以按提示直接点取房间即可，操作同上。

屋面的做法可根据屋面的防水、防腐、保温工程的特征进行子目的输入。

十七、挑檐的绘制

左键选取下拉式菜单的"绘图"→"挑檐"，即可进入挑檐绘制状态。挑檐指建筑上的平挑檐、斜挑檐等，属性定义可参考其他构件。画挑檐时首先左键确定挑檐的起点，再左键确定其终点，右键结束。若需要偏移，点击左边工具栏的【偏移】按钮，输入偏移值即可。

挑檐做法的子目输入与雨篷基本相同。

十八、楼梯板洞的绘制

点击 ![按钮图标] 按钮即可进入绘制楼梯板洞的状态，楼梯板洞不仅指楼梯，也指板、屋面和满堂红基础上的洞。如果画了楼梯板洞，而本层的板、屋面和满堂红基础与楼梯板洞相交，则扣减其相应面积。

属性定义对话框见下图 2-27 所示，需输入或选择的项目包括：

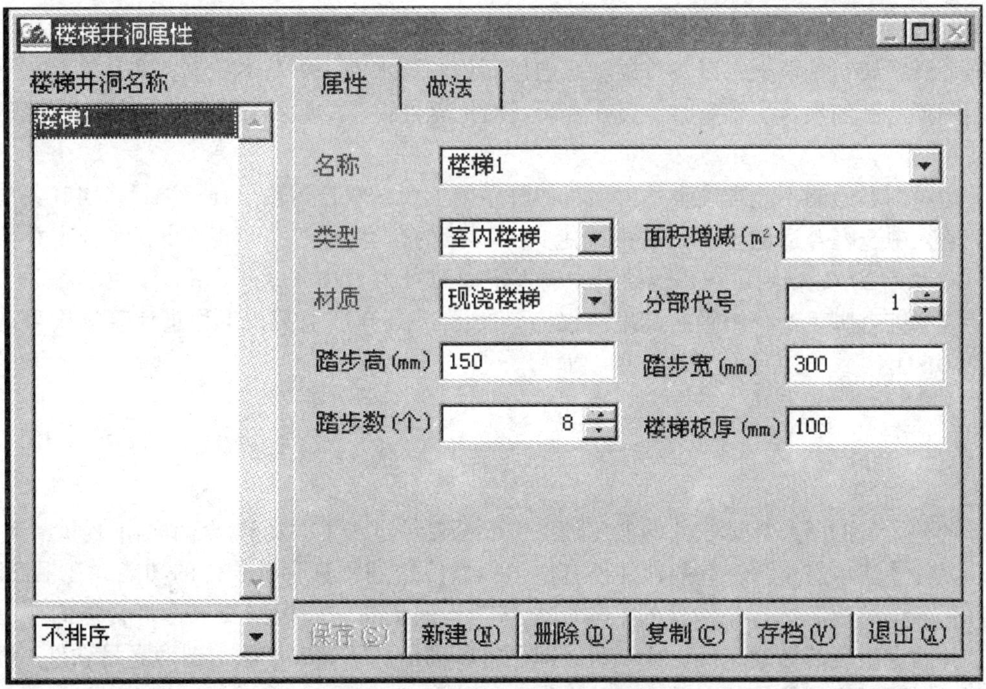

图 2-27 楼梯板洞属性定义对话框

名称：自行取名，它是不同楼梯属性区分的标志。
类别：室内楼梯、室外楼梯和洞。
面积增减：有些地区的计算规则规定在计算楼梯的模板或混凝土工程量时，应扣除宽度大于500mm的楼梯井，若需扣除，可在此栏中填入扣除的面积。
踏步高、踏步宽、踏步数、楼梯板厚：根据楼梯的大样图填入。
布置楼梯的操作同屋面，可参考屋面的操作方法。

十九、保温墙、集水坑的绘制

左键选取下拉式菜单的"绘图"→"保温墙"→"属性定义"，即可进入绘制保温墙的状态。保温墙主要指为保温而贴在墙上的内保温墙和外保温墙，如果有双层墙或三层墙体的情况时，也可以利用保温墙输入，保温墙的操作同墙体相似。

左键选取下拉式菜单的"绘图"→"集水坑"→"属性定义"，即可进入绘制集水坑的状态。集水坑是指满堂红基础上的各种突起或凹陷部分。在软件中有一些可供调用的标准集水坑图标，可以选择这些图标，输入相关参数，确定了它的尺寸后，画在满堂红基础上，软件会自动将这些集水坑和满基进行汇总计算。

画集水坑最简单的方法就是用鼠标左键，在满堂红基础上任意点取一个位置即可。在汇总计算后，所画的集水坑体积和它所在的满堂红基础体积合并。

二十、大开挖土方的输入

大开挖指基础的大开挖土方。有些工程需要多级放坡，或由于土质的不同需要查套不同的子目，此时可以利用"大开挖土方"的功能选择土方的多级分层，再在大开挖属性中定义各种基坑边线的开挖深度和放坡系数，然后再分层画各层的底边多边形，最后再输入土方子目即可。

二十一、其他项目的输入

其他项目的输入作为图形计算工程量的补充，软件提供全部已画楼层的建筑面积、外装饰、脚手架、挖填土方以及首层轴线内包面积和散水面积等基本数据，在计算某些不适宜用图形绘制的项目工程量时，可在套子目时把软件提供的数据作为工程量或工程量的基数使用。

通过图形绘制不能准确表达的项目如脚手架工程、垂直运输工程等项目，可在其他项目的输入中选择合适的子目，并准确定义工程量的计算方法。例如某外墙综合脚手架子目，高度为20.0m，则可在其他项目中输入定额编号为"10-3"的子目，子目名称为"钢脚手架、综合脚手架（钢管）高度（以内）20.5m（±0以上）"，工程量计算规则可选用"【WQJSJMJ】"，含义为总外墙脚手架面积。

第六节 汇 总 输 出

各种类型的图形算量软件的汇总输出一般都要经过：汇总计算 → 预览工程量清单 → 打印工程量清单等步骤，有些软件还有把工程量传送到预算套价软件的功能。在汇总时，可选择各楼层的汇总、各构件的汇总和全部工程的汇总，应根据要求选择合适的汇总类型，并确定报表的格式，预览无误后，即可打印输出。下面以广联达图形算量软件GCL99为例，说明图形算量软件汇总输出的操作。

一、汇总计算

左键点击"报表"→"汇总计算",弹出选择计算范围的对话框,可选择汇总所有楼层,也可以只汇总其中的一层,还可以按住【SHIFT】或【CTRL】键选择多层进行汇总,并可控制是否生成预算软件接口文件。再点击【汇总】按钮,待出现"工程量自动计算结束"提示框,单击【确定】,汇总计算完毕。

二、预览工程量清单

在下拉式菜单"报表"中,除"汇总计算"子项外,还包括工程量清单、工程量计算书、图形对象做法表、子目工程量来源表、做法汇总表、墙梁汇总表、清单项目明细表等子项,可根据需要选择合适的报表进行输出。

左键点击"报表"→"工程量清单",出现"工程量清单打印预览"的窗口,通过该窗口,可以查看整楼的数据、各层数据及各个实体的数据。例如若查看整楼的数据,可显示出如图 2-28 所示的全局数据表。若查看一层的整体数据,可以单击的箭头,从下拉框中选择"第一层数据",则出现第一层工程量汇总结果 整楼数据 层数据 ;若查看各种实体的工程量,可点击预览窗口上部工具栏中的各种工程实体的选择按钮;如查看柱的工程量,点击 按钮,则显示有关柱的数据。

全 局 数 据

工程名称:综合楼

建筑面积 (m²)	总外墙 抹灰面积 (m²)	总外墙 块料面积 (m²)	总外墙裙 抹灰面积 (m²)	总外墙裙 块料面积 (m²)	平整场地 (m²)	散水面积 (m²)	总挖土方 体积 (m³)	总回填土 体积 (m³)	房心回填 体积 (m³)	外墙 脚手架 (m²)

图 2-28 工程量清单表

三、打印工程量清单

若需要打印工程量清单,在预览工程量清单无误后,点击工具栏中的按钮 即可开始打印。如果当前楼层范围是整楼数据,则打印整楼的工程量汇总清单;如果当前楼层范围是单层或某些实体,则只打印单层或实体的工程量汇总清单。

复 习 思 考 题

1. 图形算量软件操作的基本步骤包括哪些?
2. 图形算量软件在使用过程中,为什么要和建筑工程定额紧密结合?
3. 项目管理、楼层管理、构件管理的主要内容包括哪些?
4. 如何利用主轴、辅轴来布置轴线网?
5. 各类构件如何进行属性定义?
6. 构件特征与定额的结合是通过什么栏目产生的?
7. 绘制各类构件时是否应注意构件的属性,为什么?
8. 对构件的绘制有哪些编辑操作?
9. 绘制后的构件其工程量如何查询?
10. 图形输入完毕后,如何输出工程量计算的报表?

第三章 钢筋抽料软件的操作

第一节 钢筋抽料软件的设计思路和操作方式

随着建筑结构的日趋复杂，结构中钢筋工程量的计算成为建筑工程预算编制中的一个难点。由于钢筋工程量的计算需要统计、汇总大量的工程数据，但很多工作却是重复简单的四则运算，在计算机日益普及的今天，一些软件公司利用计算机计算功能强大、速度快、准确性高等优点，开发设计出的钢筋抽料软件较好地解决了钢筋工程量计算的问题。

一、钢筋抽料软件的设计思路

在众多的预算软件中，钢筋抽料软件的形式也是各式各样的，但软件的设计原理却基本相同。虽然建筑物平面布置形式复杂多样，结构构件的形状也是千变万化的，但组成建筑物的同类构件的钢筋类型及长度计算公式却基本相同。各类钢筋抽料软件解决预算抽筋的基本思路多是以建筑设计施工图中构件钢筋表示法为出发点，寻找各种构件及其钢筋的共同点，并将工程中所有类型的钢筋及其公式整理出来，汇成构件钢筋图集，并以图形表示钢筋形状，予以编号，使得预算抽筋时只需根据需要选择相应的钢筋型号即可。这就是软件设计的基本出发点——用预算抽筋的共性解决建筑物构件多样性的问题。

二、钢筋抽料软件解决的主要问题

利用钢筋抽料软件抽取钢筋比之手工抽取钢筋，具有较大的优越性，它可以解决钢筋工程量计算中计算数据繁多、计算速度慢、计算不准确、采用规范不一致、钢筋报表绘制繁琐等问题，利用计算机的强大计算功能，提高计算速度和计算的准确性，并可根据需要将钢筋计算结果按照任意构件、楼层或整体结构汇总，输出钢筋明细报表、经济指标报表和分类汇总报表等等。

三、钢筋抽料软件的输入方式及其优缺点

各类钢筋抽料软件根据现行建筑结构施工图的特点及构件钢筋表示的特点，为预算抽筋设计了多种方便、简明、准确的输入方式，这些输入方式与结构施工图中构件配筋表示方式紧密相连，并且符合手工抽筋的习惯。常用的输入方式主要有：直接输入钢筋方式、按构件选择钢筋输入方式、表格输入方式、平法输入方式、多边形布置钢筋输入方式和钢筋、工程量二合一输入方式等。这几种方式各有优缺点，应根据工程的复杂程度、软件操作的熟练程度选择合适的钢筋抽料方法。下面概括说明各个钢筋抽料方法的原理和适用范围。

1. 直接抽筋方式

先手工抽取钢筋并在草稿纸上记录好钢筋的图形和各段的长度后，再统一上机输入，由机器汇总计算，并根据用户需要打印出各种报表的方式。其实质是一个大型计算器，能够解决预算中一切建筑构件的抽筋问题。这种抽筋方式有两个环节，其一是人工抽筋，其二是上机输入，最大优点是代替手工进行钢筋用量的汇总计算。

这是一种万能的输入方式，能解决所有工程的抽筋问题，而且操作简单、灵活性比较大，即使对于稍懂计算机的建筑专业人员，只要事先填好表，就能达到快速输入的目的，仅此就节省了大量的时间，并且计算准确。

2. 按构件选择钢筋输入抽筋方式（布筋输入）

对于常见的基础、柱、梁、板、墙、桩等构件，软件中画出了相应的图形，要求按照结构设计图纸输入构件边界条件，如支座宽、轴线长度、锚固长度等，再为构件选择相应的钢筋，软件会自动计算钢筋长度。

先将构件分类，再按照构件来抽筋，这与现在的结构施工图中构件配筋表示方法是一致的。这种方式免去了需要事先手工抽筋的过程，从而节省了一定的工作量，但是对操作人员的要求高一些。

3. 表格输入抽筋方式

某些地区（如广东省）为规范设计和施工，用填表的方式表示构件的配筋情况，如采用梁表和柱表等，有些预算软件公司相应地开发了表格输入方式。表格输入的优越之处在于采用与设计施工图表格一致的图表形式，完全按照设计图纸要求输入各项工程数据，软件自动计算图纸中包括的所有钢筋，并输出需要的钢筋报表。

这种方式较为快捷，但不适用于特殊构件钢筋的输入。在施工图未采用表格法的地区，这种钢筋输入方法有较大的局限性。

4. 平法抽筋方式

现在结构施工图有一种新型的设计表示方法，即把结构构件的尺寸和配筋直接表示在各类构件的结构平面布置图上，再与标准构造详图配合，构成一套结构施工图，简称为平法。区别于传统表示方法（将构件从结构平面布置图中索引出来，再逐个绘制配筋详图），平法有两个重要环节，其一是设计院设计的结构平面布置图，其二是标准构造详图，两者必须相互配合使用方能组成正式的结构施工图。平法包括梁、柱、剪力墙、基础、板、楼梯的平法施工图，并各有自己的表现形式。有的软件公司参照《混凝土结构施工图平面整体表示方法制图规则及构造详图（2003）》的有关规定，开发了梁、柱的平法抽筋方式。在抽取钢筋时，仅需要将平法施工图中有关梁、柱的数据，依照图纸中标注的形式，直接输入到为平法输入方式设计的表格中即可，软件自动将梁、柱中全部钢筋列举出来，并自动计算各钢筋的长度、重量，并输出要求的钢筋报表。

这种方法比较简便快捷，但仅适用于施工图纸采用平法标注的柱和梁钢筋的抽取。

5. 多边形布置抽筋方式

当现浇板、满堂基础和剪力墙等平面图形布置不规则时，或者是存在各种形状的孔洞时，布置的钢筋长短不一，使得钢筋长度计算变得十分繁琐。为了解决以上问题，有些软件公司设计了多边形布置功能模块，通过人工绘制形状较为复杂的现浇板、剪力墙等构件图形，按照图纸的设计要求输入钢筋的各种参数条件，然后按照指定的布筋方向布置钢筋，计算输入钢筋的各种长度，并输出要求的钢筋报表。

6. 钢筋、工程量二合一方式

长期以来，建筑钢筋计算和混凝土、模板、抹灰等计算都是分开进行的，钢筋用一套软件计算，工程量用另一套软件计算（如图形算量软件），结构数据的重复处理工作量大。钢筋、工程量二合一软件将钢筋和工程量的计算合并在一套软件中解决。操作时通过输入钢筋数据，软件可同时完成钢筋和工程量的计算，自动生成对应构件的工程量数据，套用对应的常用定额，并按照定额章节说明进行系数调整或子目组合，混凝土工程量还可以扣减钢筋体积，供下料参考。

二合一的方式是一种新的计算思路，可节省工作量，但对于复杂构件的输入，软件的可操作性较差。

总的来说，各类钢筋抽料软件所采用的钢筋抽取方式不外乎以上六种方式，只是各软件使用时的具体操作不尽相同。由于钢筋计算非常复杂，目前国内施工图纸上钢筋的表示方法又比较多，所以在使用钢筋抽料软件时，应根据施工图纸的具体特点，选用适当的钢筋抽料方式，扬长避短，将各方式组合使用。

第二节 钢筋抽料软件的操作步骤和要点

因钢筋抽料软件均有相似的设计思路，所以其操作步骤和要点也基本一致。

一、钢筋抽料软件的操作流程

钢筋抽料软件的操作流程如下图 3-1 所示：

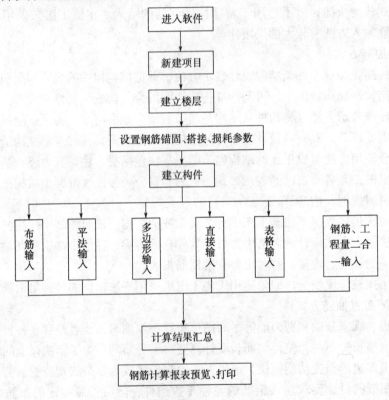

图 3-1 钢筋抽料软件的操作流程

二、操作钢筋抽料软件的要点

在操作流程中有一些要点需准确把握：

(1) 软件只能同时打开一个项目，操作其他项目后要注意存盘；

(2) 各项设置（如项目、楼层、构件、锚固搭接等）应在输入钢筋之前准确确定，不宜在后面更改。

（3）在利用钢筋抽料软件抽取钢筋之前，应仔细审阅施工图纸，了解各构件钢筋的基本状况，再选择最适用的钢筋输入方式进行输入。

（4）在操作某些钢筋抽料软件时，其计算程序不够稳定，计算结果可能会出现较大的误差，因此不宜盲目相信软件计算的结果，还需考虑结果的合理性，以便核查。

因各钢筋抽料软件的设计思路基本相同，在掌握一种钢筋抽料软件的基础上，其他钢筋抽料软件可参照该操作使用。下面以广联达钢筋统计软件（GJ2000）为例详细说明钢筋抽料软件的操作。

第三节　钢筋抽料软件的基本操作

一、钢筋抽料软件的启动

钢筋抽料软件的启动方式一般有两种，一是从下拉式菜单选取，二是直接点击该软件的图标。例如广联达钢筋统计软件，可以从 Windows 桌面上的"开始"按钮，选取"程序"→"广东省-建筑工程造价系列软件"→"广东省-建筑工程钢筋统计软件 GJ2000"，或左键双击 Windows 桌面上 GJ2000 图标（如右图 3-2 所示），均可启动钢筋抽料软件，进入广联达钢筋统计软件的界面。如下图 3-3 所示。

图 3-2　GJ2000 图标

广联达钢筋统计软件的界面由菜单栏、工具栏、工程管理区、编辑

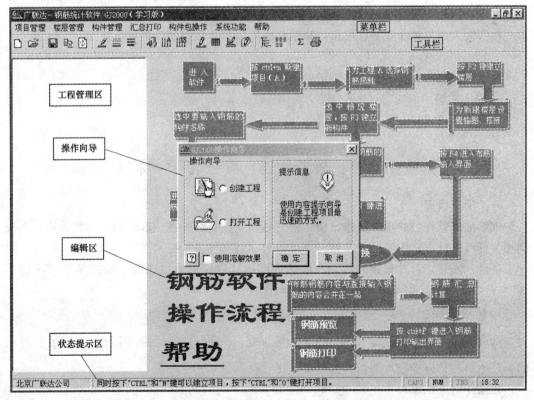

图 3-3　GJ2000 软件界面

区、状态提示区和 GJ2000 操作向导等部分构成。

1．菜单栏

菜单栏有七项下拉式菜单命令，包括有项目管理、楼层管理、构件管理、汇总打印、构件包操作、系统功能和帮助等，通过这些命令可以对钢筋的计算进行各种操作。

2．工具栏

▢ ▢ ▢ ▢ ▢ 分别表示新建、打开、保存、备份、恢复一个项目；

▢ ▢ ▢ 分别表示新建、删除、复制一个楼层；

▢ ▢ ▢ 分别表示新建、复制、删除一个构件；

▢ ▢ ▢ ▢ 分别表示钢筋的四种输入方法：布筋输入法、表格输入法、平法输入和图形输入法；

▢ ▢ 分别表示对工程项目的树型管理和列表管理；

Σ ▢ 分别表示汇总计算和报表的打印输出。

3．工程管理区

在工程管理区内，可看到正在操作的某项目的具体信息，包括项目名称、项目名称下的各楼层、楼层下的各构件，可以树型和列表两种方式表示，类似于 Windows 里的资源管理器。

4．编辑区

根据输入的各种命令，在编辑区显示相应的窗口，供以编辑各种信息。

5．状态提示区

显示目前操作的状态和一些常用的快捷键。

6．操作向导

创建新项目或打开原有项目的提示对话框。

第四节 项目管理、楼层管理、构件管理和系统功能设置

一、项目管理

钢筋抽料软件中的项目是指单位工程，各钢筋抽料软件在抽取钢筋之前均需输入工程的相关资料，建立相应的项目文件，并可以对项目文件进行控制操作，如新建、打开、保存、备份、恢复、合并和删除等。广联达钢筋统计软件可通过选取下拉式菜单"项目管理"→"相应项目功能"对项目进行各种操作。

1．新建项目

选取下拉式菜单"项目管理"→"新建项目"，或点击快捷键按钮 ▢ ，即可在弹出的新建项目对话框中输入项目相关信息，建立新项目。

在操作时应注意：

（1）带"＊"号的输入栏"工程代号"、"工程名称"等必须输入；

(2)"钢筋总重"、"单方含筋量"由软件自动计算;

(3)在输入栏中输入软件要求的信息,可以根据需要决定是否输入,但建议将信息全部输入,使打印输出的报表完整、准确;

(4)输入完毕,检查核实后,按【确认】按钮,即建立了新项目,项目管理区自动出现该项目的名称,接下来可在该项目下建立楼层。

2. 打开项目

要对已经建立的项目进行再修改和输入时,可选择此项菜单或点击 ![icon] 按钮,即可弹出"打开项目工程"对话框,对话框中的"工程列表"框列出了当前系统目录下的所有已经做过的工程,左键选取右边框中的项目名称,使其亮显,按【确认】按钮即可将该项目打开。

3. 保存项目

保存当前项目的各项输入,在操作时要注意经常保存项目,以保证工程数据的安全。

4. 备份项目

备份项目是将该项目通过另一个路径来保存的操作,例如可通过备份的操作将计算机硬盘的工程项目保存在软盘中。

5. 恢复项目

恢复项目与备份项目是逆操作。

6. 合并项目

合并项目是合并两个工程名称和代号一样的项目,例如某单位工程较大,由两个或多个人完成各自部分工作,在打印报表前,需将多个工作结果合并,即可采用"合并项目"功能。

7. 删除项目

项目删除后将不能恢复,应谨慎使用。

二、楼层管理

因构件的配筋一般随着楼层的变化而有所不同,所以在抽取钢筋前应先定义楼层。不同的钢筋抽料软件有不同的定义方法,有的软件是在确定构件后,分解构件在不同楼层的不同配筋,有的软件是先确定楼层,再定义各个楼层的不同构件,不管是哪一种楼层定义方法,楼层在定义时一般都按照建筑自然层考虑基础层、首层、中间层、顶层等,楼层定义或修改时可根据各钢筋抽料软件的提示对话框来操作。如广联达钢筋统计软件中"楼层管理"包括新建楼层、删除楼层、复制楼层和搭接锚固调整,分别说明如下:

1. 新建楼层

选取下拉式菜单"楼层管理"→"新建楼层",或点击工具栏 ![icon] 按钮,亦或按下"F2"键均可弹出"新建楼层"对话框,如图 3-4 所示。

【例 3-1】 某工程楼层数为两层,其"新建楼层"对话框应如何输入?

操作如下:

(1)在"楼层名称"中输入"首层",回车,软件自动生成"楼层编号"为 1;

(2)同理输入"二层",软件自动生成"楼层编号"为 2;

(3)按【确认】按钮退出。退出"新建楼层"对话框后,新建的楼层显示在屏幕左侧

图 3-4 新建楼层对话框

的工程管理区内。

在操作时应注意：

(1)"楼层名称"栏可输入任意字符串，应使用有含义的字符串，比如"首层"等，任意楼层的名称不能相同。

(2)"楼层编号"输入的数据可以是大于或小于0的整数，如地下一层的编号可以输入"-1"，地上一层编号输入"1"，或由软件按顺序自动生成。

(3) 任意楼层的编号不能相同，"相同层数"有一个默认值"1"，建议不修改此项数据，若有相同的层数，可采用楼层复制的功能来减少工作量。

2. 删除楼层

在工程管理区内的工程项目管理树上，用鼠标点击要删除的楼层，使其亮显，然后选择"删除楼层"项或点击 ≡ 按钮，在软件弹出的询问框中选择【是】按钮，即可删除该楼层。

3. 复制楼层

可利用楼层复制按钮 ≡ 进行楼层复制的操作。系统弹出对话框，在输入栏中分别输入新楼层的编号和名称，点击【确认】即可建立一个与原楼层相同的新楼层。

在使用楼层复制命令时应谨慎，因在工程中完全相同的楼层配筋比较少见，若是先定义构件后定义楼层的钢筋抽料软件，某构件在若干个楼层的配筋相同，则可使用楼层复制命令。

4. 搭接锚固调整

若在图纸上对钢筋的锚固和搭接有统一调整的说明，可对钢筋的锚固和搭接进行调整。选择"搭接锚固调整"菜单项或按下"F11"键，即可弹出调整锚固搭接的窗口，选择要调整输入的楼层编号，再按照构件的分类输入混凝土强度等级（在选择混凝土强度等级以后，软件自动按照规范给出该楼层该类构件的锚固和搭接数据），调整与图纸要求有出入的钢筋数据。

三、构件管理

构件的定义与管理是各钢筋抽料软件中非常重要的操作，在这项操作中需划分各构件的类型，如框架柱、构造柱、连续梁、圈梁、基础、桩、楼板和阳台等构件，构件的划分是根据施工图纸的要求来确定，注意构件种类、数量、基本尺寸是否与施工图相符。预算软件公司开发的钢筋抽料软件均有较好的界面亲和性，一是多使用简明的图标表示各构件的类型；二是多使用枝状管理形式，使得界面明确易见。构件的管理在各钢筋抽料软件中的操作不尽相同，但不外乎是新建、删除、复制、浏览构件表等内容，在广联达钢筋统计软件中构件管理主要包括以下内容：

1. 新建构件

在建立构件前，必须认真、仔细审阅施工图纸，对施工图纸上各构件的种类、数量、配筋情况作准确的统计，然后才能新建构件。

可选取下拉式菜单"构件管理"→"新建构件"，或点击工具栏 按钮，亦或按下"F3"键均可弹出"新建构件"对话框，如图3-5所示。

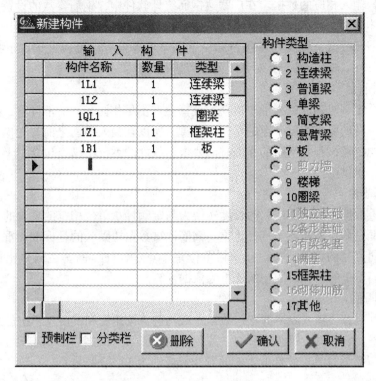

图3-5 新建构件对话框

【例3-2】 某框架结构的建筑中，首层、二层的钢筋混凝土构件均包括有：连续梁、框架柱、楼板、圈梁，试新建这些构件。

操作如下（参见图3-5）：

（1）在项目管理树中选择首层，并打开"新建构件"对话框；

（2）在"构件名称"栏输入名称，建议按照图纸上给出的构件名称或符号来命名，以便和图纸核对，且每个构件的名称都不应相同，如首层的1L1、1L2，二层的2L1、2L2等；

（3）在"数量"栏输入构件的数量，只有结构尺寸和配筋情况完全相同的构件才可以认为相同，一般情况下，构件的数量为"1"；

（4）"类型"栏的信息从对话框右侧的"构件类型"中选择；

（5）首层中的构件全部输入完毕，点击【确认】按钮退出对话框；

（6）再在项目管理树中选择二层，二层构件的输入操作与首层相同；

（7）输入完毕后，退出对话框，构件已自动挂入当前楼层下，显示的方式是隐藏。使用鼠标单击当前楼层右边的"+"符号，可把新建的构件完全展示开来。

2．删除构件、复制构件、选配构件、浏览构件表

这些操作可参见"楼层管理"和帮助信息，不再赘述。

四、钢筋参数的设置

在利用钢筋抽料软件抽取钢筋之前,要对钢筋的一些参数进行设定,例如钢筋的锚固搭接长度、保护层厚度、弯钩长度、损耗率、钢筋的单位长度重量等数据,应根据施工图和规范要求,输入相应的数据。在广联达钢筋统计软件中,钢筋参数的设置是在"系统功能设置"中体现的,包括报表损耗、比重调整、弯钩调整、搭接调整、用户口令设置、计数器、校对钢筋数据、转换 DOS 项目和设置网络服务器等。可通过选取下拉式菜单"系统功能设置"→"相应功能",对系统的设置进行调整。

1. 报表损耗

因各地区定额对钢筋工程量中损耗的计算要求不尽相同,有的不计算,损耗已综合考虑在定额内,有的要求按照一定的百分比计算,所以在输入钢筋之前要先检测当前执行的是哪个地区的定额,其对钢筋的损耗有何要求。软件的系统中已经包含了十几个地区的钢筋损耗模板,以供选择。

2. 比重调整

钢筋比重数据是将钢筋抽取的长度转换为与定额计量单位相符的重量的基本参数,钢筋比重输入框是调整钢筋各类直径比重。钢筋比重数据栏默认的是标准比重,可根据实际需要调整不同直径的钢筋比重,比重栏单位是千克/米(kg/m)。在调整比重以后,汇总计算时,钢筋重量的计算以调整的比重为依据计算。

3. 弯钩调整

该功能针对直接输入表格的弯钩数据。弯钩调整按角度和抗震及不抗震来划分,弯钩系数一经调整,软件就按照调整后的系数取弯钩。例如:135°抗震弯钩若把弯钩系数 11.9 改成 12,在以后的计算中软件取 135°的弯钩长度即为 12 倍的 D。

4. 搭接调整

在钢筋工程量计算中,搭接长度的计算与否、接头的处理因各地区定额的不同而不同,例如广东省建筑工程定额(1998)中规定:计算钢筋工程量时,设计已规定钢筋搭接长度的,按规定搭接长度计算;非设计接驳已包括在钢筋的损耗之内,不另计算搭接长度。钢筋电渣压力焊接接头,套筒锥型螺栓钢筋接头以个计算。若需要对钢筋搭接长度进行调整,可通过选取下拉式菜单"系统功能设置"→"搭接调整",即弹出搭接调整窗口,如图 3-6 所示。

界面说明:

(1) 保留已计算的搭接数据:对于已经计算搭接数据的钢筋,软件不再计算该钢筋的搭接数据。

(2) 重新计算钢筋的搭接数据:对整个工程的每一根钢筋,软件重新计算钢筋的搭接数据,不管软件是否已经计算过该钢筋的搭接数据项。

(3) 钢筋每 ☐ mm 一个搭接:根据工程实际情况输入,如 8000。

(4) 直径在 ☐ 至 ☐ 间算绑扎长度:在什

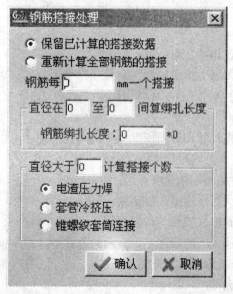

图 3-6 钢筋搭接调整窗口

么直径范围内计算钢筋的搭接长度（如8到20）。

（5）钢筋绑扎长度：搭接段钢筋的绑扎长度，为多少倍的直径，如40倍直径则输入40。

（6）直径大于 ☐ 计算搭接个数：钢筋直径大于某个数值才计算搭接个数（即才可使用电渣压力焊等接头），如22mm。

（7）钢筋接头的类型：使用鼠标点选即可。

5. 用户口令设置

通过此项功能可设置系统的口令，保护项目数据不被其他操作者删改。该项功能要和"使用口令"命令同时使用，口令才有效。

6. 计算器

软件的计算器功能和一般的计算器功能相同，可以计算输入的数学表达式。

7. 校对钢筋数据

可以对钢筋的直径、级别、长度、图号进行检查、核对。

8. 转换DOS项目

通过此项功能，可以使DOS版的项目转换成当前版本软件的项目数据。

9. 设置网络锁服务器

通过输入服务器名称和端口号，设置服务共享条件，保护项目数据的安全。

第五节　布筋输入与计算

布筋输入是钢筋输入的一种方式，具有界面友好、易操作、工作量小等优点，适用于梁、板、柱、剪力墙、楼梯、基础等构件钢筋的输入。在各钢筋抽料软件中均有各类构件的图集，操作时根据图纸上构件的性质和配筋图形，在软件中选择相匹配的构件基本图形，再把图纸中构件的基本参数输入软件中，并选择相应的钢筋图形，输入提示数据以后，软件会自动计算钢筋长度及搭接长度的一种钢筋输入形式。下面以广联达钢筋统计软件的操作为例来说明布筋输入方式的应用。

一、梁

1. 连续梁

从项目管理树中选择"连续梁"构件，选取下拉式菜单"构件管理"→"布筋输入"，或单击工具栏的 ✐ 按钮，即可弹出布筋输入窗口，布筋输入界面包括工具栏、钢筋布置窗口、构件基本钢筋图形和状态条。

连续梁的布筋输入大致可分为几个步骤：建立连续梁构件→ 进入布筋输入界面→ 输入混凝土强度等级并核对保护层→ 锚固长度的取值→ 建立首跨梁并输入结构尺寸抽取钢筋→ 建立中间跨梁并输入结构尺寸抽取钢筋→ 建立尾跨梁并输入结构尺寸抽取钢筋→ 计算退出核对结果做出必要的调整。

【例3-3】　某C20混凝土连续梁，钢筋图如图3-7所示，梁的结构尺寸为200mm×400mm，混凝土保护层为25mm，试计算该连续梁的钢筋含量。

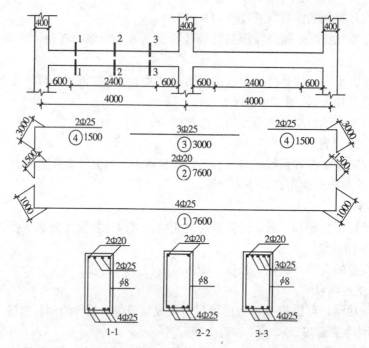

图 3-7 连续梁配筋图

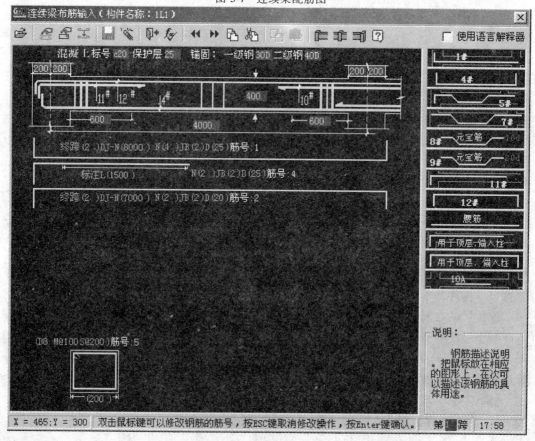

图 3-8 布筋输入窗口

操作如下：

(1) 建立 1L1（连续梁）构件；

(2) 在项目管理树中选中 1L1 构件，使其亮显，再点击 ![] 按钮，进入布筋输入状态，软件弹出布筋输入的对话框（参见图 3-8）；

(3) 输入混凝土强度等级 C20，并核对搭接长度的取定；

(4) 点击 ![] 按钮，出现 ![无变截面] 图标，因该连续梁右端无变截面，选择相应选项，点击确定图标 ![]，此时钢筋布置窗口出现连续梁首跨简图，并在窗口右侧出现各种钢筋简图；

(5) 分析连续梁的配筋图，可以得知该连续梁钢筋主要有：1 号筋——底部纵向受力通长钢筋，2 号筋——上部纵向受力通长钢筋，3 号筋——梁上部支座负筋，4 号筋——梁左、右边支座负筋、箍筋。支座宽度为 400mm，箍筋加密区的长度为 600mm；

(6) 钢筋布置窗口右侧用鼠标左键双击 4#钢筋图形（4#钢筋是底部纵向受力通长钢筋），使其显示到钢筋布置窗口。钢筋上部显示需输入钢筋的特征，其中 N 表示钢筋根数，JB 表示钢筋级别，D 表示钢筋直径，终跨表示该贯通筋到哪一跨终止，DJ-N 表示该贯通筋的长度，由软件自动计算，一般无需修改。根据配筋图要求可输入：终跨（2）DJ-N（8000）N（4）JB（2）D（25）筋号：1。软件给出的筋号是 101，可根据需要更改，更改方法为：左键选中"筋号"，双击进入编辑状态，将"101"改为"1"，再按"ENTER"键即可；

(7) 同理，在钢筋布置窗口右侧用鼠标左键双击 12#钢筋图形（12#钢筋是上部纵向受力通长钢筋），可输入：终跨（2）DJ-N（8000）N（2）JB（2）D（20）筋号：2；

(8) 在钢筋布置窗口右侧用鼠标左键双击 11#钢筋图形（11#钢筋是梁左边支座负筋），可输入：N（2）JB（2）D（25）筋号：4 标注 L（1500）；

(9) 点击 ![] 按钮，进入布置箍筋状态，先选择箍筋图形，根据配筋图选择 1 号图形，退出后在钢筋布置窗口下侧出现箍筋的图形，其中 D 表示箍筋直径，M@表示加密区间距，S@表示非加密区间距。可输入 D（8）M@（100）S@（200），并输入梁的宽度"200"；

(10) 首跨钢筋输入完毕，点击 ![] 按钮，并点击出现的勾号图标，建立尾跨（因该连续梁只有两跨，所以无中间跨），此时钢筋布置窗口出现连续梁尾跨简图；

(11) 尾跨钢筋的输入方法同首跨，分别为：在钢筋布置窗口右侧用鼠标左键双击 11#钢筋图形（11#钢筋是梁右边支座负筋），可输入：N（2）JB（2）D（25）筋号：4 标注 L（1500）；在钢筋布置窗口右侧用鼠标左键双击 10#钢筋图形（10#钢筋是梁上部支座负筋），可输入：N（3）JB（2）D（25）筋号：3 标注 L（3000），箍筋的输入同首跨；

(12) 点击 ![] 按钮，软件计算钢筋含量，并退出布筋界面；

(13) 在编辑窗口可出现软件的计算结果（如图 3-9 所示），若根据广东省定额要求，非设计接驳的长度不计算，可调整"搭接"设置，选择"重新计算搭接长度"即不考虑搭接长度。

筋号	直径	级别	图号	计算公式	长度(毫米)	根数	搭接	箍筋
1	25	2	64	7600+1000+1000	9600	4	1200	0
2	20	2	64	7600+800+800	9200	2	960	0
3	25	2	1	3000	3000	3	0	0
4	25	2	18	1500+1000	2500	4	0	0
5	8	1	195	(200+400-100)*2+(2*11.9+8)*d	1254	50	0	1

图 3-9　连续梁钢筋含量计算结果

钢筋计算公式说明：

(1) 4#钢筋（软件给出的钢筋编号）

计算公式：LG = 净长 + 左支座锚固长 + 右支座锚固长

搭接长 = 搭接个数 × 搭接长度

在该连续梁中，4#钢筋的净长 = 4000 + 4000 − 200 − 200 = 7600mm；

左支座锚固长 = 40 × D = 40 × 25 = 1000mm；

右支座锚固长 = 40 × D = 40 × 25 = 1000mm；

所以：LG = 净长 + 左支座锚固长 + 右支座锚固长 = 7600 + 1000 + 1000 = 9600mm，共 4 根，总长 = 9.6 × 4 = 38.4m　　总重 = 长度 × 比重 = 147.97kg

(2) 12#钢筋

计算公式：LG = 净长 + 左支座锚固长 + 右支座锚固长

搭接长 = 搭接个数 × 搭接长度

在该连续梁中，12#钢筋的净长 = 4000 + 4000 − 200 − 200 = 7600mm；

左支座锚固长 = 40 × D = 40 × 20 = 800mm；

右支座锚固长 = 40 × D = 40 × 20 = 800mm；

所以：LG = 净长 + 左支座锚固长 + 右支座锚固长 = 7600 + 800 + 800 = 9200mm，共 2 根，总长 = 9.2 × 2 = 18.4m　　总重 = 长度 × 比重 = 45.38kg

(3) 10#钢筋

计算公式：LG = 标注长度 L

在该连续梁中，10#钢筋的标注长度为 3000，即 LG = 3000mm

共 3 根，总长 = 3.0 × 3 = 9.0m　　总重 = 长度 × 比重 = 34.68kg

(4) 11#钢筋

计算公式：LG = 净长 + 左支座锚固长（或右支座锚固长）

在该连续梁中，11#钢筋的净长 = 1500mm（输入长度）；

左支座锚固长 = 40 × D = 40 × 25 = 1000mm；

右支座锚固长 = 40 × D = 40 × 25 = 1000mm；

所以：LG 左 = 净长 + 左支座锚固长 = 1500 + 1000 = 2500mm；

LG 右 = 净长 + 右支座锚固长 = 1500 + 1000 = 2500mm；

共 4 根，总长 = 2.5 × 4 = 10.0m　　总重 = 长度 × 比重 = 38.53kg

(5) 箍筋

计算公式：根数 = [1 + (加密区长度 − 50)/加密区间距] + (非加密区长度/非加密区间

距)

单根箍筋长度可根据所在梁的结构尺寸确定计算方法；

在该连续梁中箍筋根数 = $\{[1+(600-50)/100] \times 2 + (4000-200 \times 2 - 600 \times 2)/200\} \times 2 = 50$ 根

箍筋单根长度 = $(200+400-100) \times 2 + (2 \times 11.9 + 8) \times 8 = 1254$ mm

总长 = $1.254 \times 50 = 62.7$ m 总重 = 长度 × 比重 = 24.77 kg

在输入连续梁钢筋时应注意：

(1) 多跨连续梁的操作要建立"中间跨"，抽取钢筋的方法与"首跨"相同；

(2) 连续梁的钢筋计算分成中间层和顶层两种计算规则，顶层和中间层只有两种钢筋不同，它们是专用于顶层钢筋的计算，在"构件基本图形"的说明中，可看到其区别；

(3) 在输入完钢筋后，要抽取部分构件进行手算，与软件计算的结果进行核对，以检验软件计算结果的准确性，如若误差较大，要找出原因，对软件的操作进行修改。

2. 圈梁

圈梁又称腰箍，是沿外墙四周及部分内横墙设置的连续闭合的梁，在软件中圈梁钢筋的输入按墙体分段进行。圈梁包括 6 种钢筋，分别是：外墙圈梁外侧钢筋、外墙圈梁内侧钢筋、外圈梁拐角钢筋（八字筋）、外圈梁拐角放射钢筋、内圈梁钢筋和箍筋。在输入圈梁钢筋前要清楚圈梁的位置、尺寸和所在的建筑结构类型。圈梁钢筋的输入通过下面的例题来说明：

【例 3-4】 某框架结构建筑，其楼梯间顶板下做圈梁 QLC20 混凝土，外墙中轴线尺寸为 3000、6000、3000、6000（mm），外墙宽 180mm，圈梁截面为 180mm × 250mm，内配 4Φ12 纵筋，箍筋为 Φ6@200，梁顶面标高为板面标高，试计算该圈梁的钢筋含量。

操作如下：

(1) 建立 QL 构件，并进入布筋输入界面；

(2) 输入混凝土强度等级：C20，核对保护层、搭接、锚固长度的数值；

(3) 建立一段圈梁，并输入圈梁的结构数据，因软件中圈梁是按段输入的，此处可以把该圈梁分为两段，分别为 6000 和 3000（mm）；

(4) 抽取"外墙外侧钢筋"，输入跨长 L (6130) DJ-N (8000) N (2) JB (1) D (12) 筋号 101；

(5) 抽取"外墙内侧钢筋"，输入 DJ-N (8000) N (2) JB (1) D (12) 筋号 102；

(6) 点击"布置箍筋"按钮，选择箍筋类型，并输入 D (6) M@ ( ) S@ (200)；

(7) 建立一段新圈梁，输入圈梁的轴线尺寸为 3000mm；

(8) 同样抽取"外墙外侧钢筋"，输入跨长 L (3130) DJ-N (8000) N (2) JB (1) D (12) 筋号 201；抽取"外墙内侧钢筋"，输入 DJ-N (8000) N (2) JB (1) D (12) 筋号 202；箍筋的输入同 (6)；

(9) 计算退出圈梁布筋界面，可得到如图 3-10 的结果。

在输入圈梁钢筋时应注意：

(1) 在梁钢筋的输入中，还存在着单梁、悬臂梁和次梁（在 GJ2000 中称为普通梁）等构件钢筋的输入，其操作方法与连续梁和圈梁的操作基本相同，在输入钢筋前一定要准确划分构件的类型。

筋号	直径	级别	图号	计算公式	长度(毫米)	根数	搭接	箍筋	损耗%	接头形式
101	12	1	3	6130+12.5*d	6280	4	0	0	0	
102	12	1	80	5820+ 720+12.5*,	6690	4	0	0	0	
103	6	1	195	(180+ 250- 100)	850	58	0	1	0	
201	12	1	3	3130+12.5*d	3280	4	0	0	0	
202	12	1	80	2820+ 720+12.5*,	3690	4	0	0	0	
203	6	1	195	(180+ 250- 100)	850	28	0	1	0	

图 3-10 圈梁钢筋含量计算结果

（2）过梁、异型梁等梁钢筋的抽取，采用直接输入法进行输入更简单、快捷，请参看"直接输入法"。

二、框架柱

框架柱布筋输入的操作与连续梁基本相同，与连续梁不同的是框架柱不再按层划分，而是从基础到顶层做为一个完整的构件来输入，不同截面或配筋的柱做为不同构件输入。

框架柱的布筋输入大致可分为几个步骤：建立框架柱构件→进入布筋输入界面→输入混凝土强度等级并核对保护层→锚固长度的取值→建立 0 层柱并输入结构尺寸抽取钢筋→建立中间层柱并输入结构尺寸抽取钢筋→建立顶层柱并输入结构尺寸抽取钢筋→计算退出核对结果做出必要的调整。

下面通过例题来说明框架柱钢筋布筋输入的操作。

【例 3-5】 某框架柱配筋图如图 3-11 所示，柱截面为 400×600，混凝土强度等级为 C20，其中①+②为 3Φ25，③为 3Φ20（单侧配筋，均为二级钢），箍筋采用Φ8@200，加密区间距为 100，且该框架柱按七度抗震设计，竖筋接头采用绑扎接头，$L_d=48d$，$L_n=700$，$L_a=40d$，与柱相连的梁均为 200×400，试计算该框架柱的钢筋含量。

操作如下：

（1）建立 1Z1 构件，并进入布筋输入界面；

（2）输入混凝土强度等级 C20，核对保护层、搭接、锚固长度的数值；

（3）建立"0 层柱"即柱基础，并输入结构尺寸，在抽取钢筋时，数据输入框中的"上层搭接"是指钢筋在同一断面搭接时，按照设计要求必须错开搭接（如每侧竖筋不多于四根时，接头可在一个水平面上，当每侧竖筋多于四根时，必须分层搭接），输入"0"是一个 L_d 搭接长度，输入"1"是分层搭接两个 L_d 搭接长度。本框架柱每侧竖筋多于四根，必须分层搭接。抽取 1# 钢筋，输入"Lo（200）上层搭接（0）N（6）JB（2）D（25）筋号 101"和"Lo（200）上层搭接（1）N（6）JB（2）D（20）筋号 102"；

（4）点击"布置箍筋"按钮，选择箍筋类型，并输入"D（8）M@（100）S@（200）FDM@（100）S@（200）"；

（5）建立"中间层柱"，并输入结构尺寸，抽取 3# 钢筋输入"N（6）JB（2）D（25）筋号 201"和"N（6）JB（2）D（20）筋号 202"，箍筋输入同"0 层柱"；

（6）建立"顶层柱"，并输入结构尺寸，抽取 7# 钢筋输入"上层搭接（0）N（6）JB（2）D（25）筋号 301"和"上层搭接（0）N（6）JB（2）D（20）筋号 302"，箍筋输入同"0 层柱"；

（7）计算退出布筋界面，并核对结果。如图 3-12 所示。

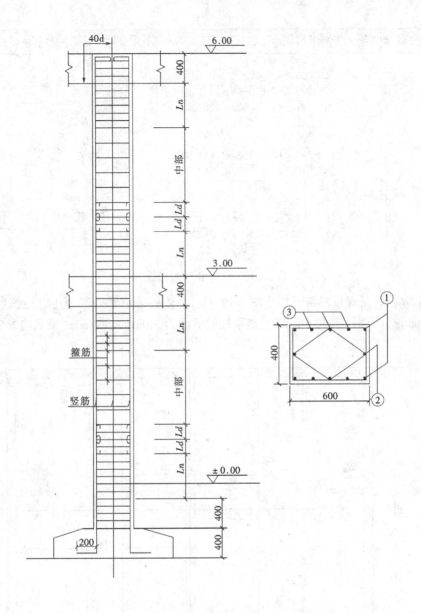

图 3-11 框架柱配筋图

三、楼板

板钢筋的含量和板的形状、结构类型有很大关系，如框架结构的现浇板，一层就是一块板，一块板又分成若干分块板，在 GJ2000 软件中，板的输入是以"分块"为单位进行钢筋输入。板有六种输入方法：单孔板、连续板、梯形板、三角板、圆弧板和无图形输入，前五种输入方法适用于板的几何形状比较规整的情况，如矩形、梯形、三角形和圆弧形，"无图形输入"的方法与板的图形无关，只和具体的图纸配筋有关，输入配筋图中的钢筋长度、配筋宽度和钢筋间距、直径、级别等数据，则可由软件自动计算钢筋工程量。

楼板布筋输入的操作与连续梁基本相同，下面通过例题来说明。

55

筋号	直径	级别	图号	计算公式	长度(毫米)	根数	搭接	箍筋	损耗%
101	25	2	18	2865+200	3065	6	0	0	0
102	20	2	18	3873+200	4073	6	0	0	0
103	8	1	195	2*330+2*530+8*d+2*11.9*d	1974.4	8	0	1	0
103.1	8	1	257	2*sqrt(280900+108900)+(2	1503	8	0	1	0
201	25	2	1	4200	4200	6	0	0	0
202	20	2	1	3960	3960	6	0	0	0
203	8	1	195	2*330+2*530+8*d+2*11.9*d	1974.4	30	0	1	0
203.1	8	1	257	2*SQRT((530+2*d)^2+(330+2*	1483.2	30	0	1	0
301	25	2	18	1900+1700	3600	6	0	0	0
302	20	2	18	1900+1600	3500	6	0	0	0
303	8	1	195	2*330+2*530+8*d+2*11.9*d	1974.4	30	0	1	0
303.1	8	1	257	2*SQRT((530+2*d)^2+(330+2*	1483.2	30	0	1	0

图 3-12 柱钢筋含量计算结果

【例 3-6】 某楼板配筋图如下图 3-13 所示，楼板采用 C20 混凝土，保护层为 10mm，板厚 80mm，分布钢筋为Φ6@200，框架柱的截面为 300mm×300mm，梁宽均为 200mm，试计算该楼板的钢筋含量。

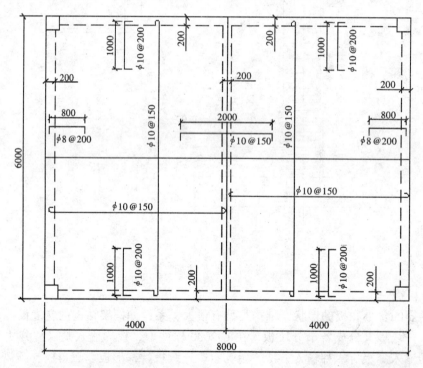

图 3-13 楼板配筋图（单位：mm）

操作如下：

(1) 建立 1B1（楼板）构件；

(2) 在项目管理树中选中 1B1 构件，使其亮显，并进入布筋输入状态，软件弹出布筋输入的对话框，如图 3-14 所示；

(3) 输入混凝土强度等级 C20,并核对搭接长度和保护层数据的取定;

(4) 点击"新建"按钮,选择"连续板"项,并确定,此时钢筋布置窗口出现连续板首块分板(本例中以左边的分板为首块分板)的简图,并在窗口右侧出现各种钢筋简图,输入该分板的各种结构尺寸(见图 3-14);

(5) 分析板的配筋图,可以得知该板钢筋主要有:支座负筋、板底受力钢筋、分布筋;

(6) 根据分析的钢筋类型,从钢筋布置窗口右侧选择相应的钢筋,在输入钢筋的特征中,有一个输入栏是"部位数",指该钢筋布置在几个相同的部位,如在该楼板的左边的分板中,支座负筋 1000 Φ 10@200 布置在结构尺寸相同的两个梁支座上,所以输入该钢筋时,其部位数可输入"2";

(7) 输入完左边分板的钢筋后,再点击"新建"按钮,选择"连续板"项,并确定,此时钢筋布置窗口出现连续板第二块分板(即右边的分板)的简图。同理输入该分板的各种结构尺寸,并输入相应的钢筋,要注意,因在连续板中,有的支座负筋是跨在相邻的两块板上(如例中支座负筋 2000 Φ 10@150),若在前一块板中已输入的,那么在相邻的板中不应再抽取该钢筋;

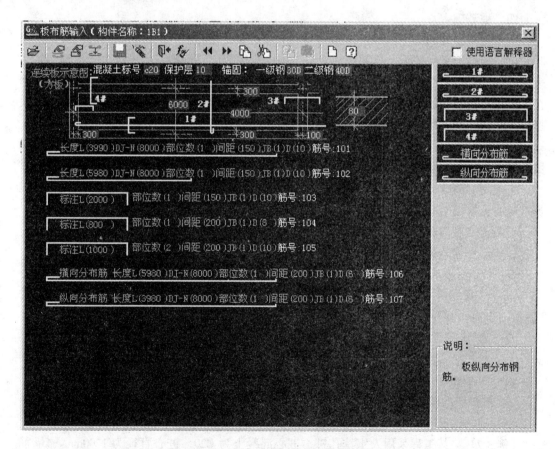

图 3-14 板钢筋布筋输入界面

(8) 右边板钢筋输入完毕后,点击"计算退出"按钮,软件计算钢筋含量,并退出布筋界面；在编辑窗口可出现软件的计算结果（如图3-15所示）。

筋号	直径	级别	图号	计算公式	长度(毫米)	根数	搭接	箍筋	损耗%	接头形式
101	10	1	3	3990+12.5*d	4115	37	0	0	0	
102	10	1	3	5980+12.5*d	6105	25	0	0	0	
103	10	1	63	2000 + 2 * 60	2120	37	0	0	0	
104	8	1	63	800 + 2 * 60	920	28	0	0	0	
105	10	1	63	1000 + 2 * 60	1120	38	0	0	0	
106	6	1	3	5980+12.5*d	6055	19	0	0	0	
107	6	1	3	3980+12.5*d	4055	13	0	0	0	
201	10	1	3	3990+12.5*d	4115	37	0	0	0	
202	10	1	3	5980+12.5*d	6105	25	0	0	0	
203	10	1	63	1000 + 2 * 60	1120	38	0	0	0	
204	8	1	63	800 + 2 * 60	920	28	0	0	0	
205	6	1	3	5980+12.5*d	6055	19	0	0	0	
206	6	1	3	3990+12.5*d	4065	13	0	0	0	

图3-15 板钢筋计算结果

四、桩基础

钢筋混凝土桩因其坚固耐久，不受地下水和潮湿变化的影响，可做成各种需要的断面和长度，而且能承受较大的荷载，在建筑工程中应用很广。钢筋混凝土桩可分为预制桩和现场灌注桩，在GJ2000软件中，以圆形截面的现场浇筑的混凝土灌注桩为基本图形，因在工程中不论使用何种工艺成孔，它的配筋形式基本上都是一样的，所以GJ2000软件根据灌注桩配筋形式的共同性特点，设计了桩的布筋输入抽筋方式。

新建桩构件时，桩的类型划分到"其他"类中，所以在桩的类型中应输入"17"或使用鼠标点击"17、其他"项。新建完毕后，进入桩基础布筋输入界面，其操作同其他构件。

在使用GJ2000软件进行桩基础的布筋输入时，有较多的结构特征数据需输入，应根据"桩身大样图"、配筋表和施工说明进行输入，其要求输入的参数主要包括：

混凝土强度等级：输入桩身混凝土的强度等级；

保护层：输入桩身或护壁的混凝土保护层；

D：桩设计直径，单位mm，如1000；

La：桩身纵筋（1#）伸入承台的锚固长度，如输入$30d$或500mm；

Lc：桩身的钢筋骨架长度，并不是桩身的长度；

Lm：螺旋箍筋加密长度或圆形箍筋加密长度，单位mm，如输入2000；

Lg：桩护壁高度；

Ln：桩护壁缺口高度；

T：桩护壁的厚度。

桩基础的钢筋抽取与其他构件钢筋的抽取操作基本相同，下面通过例题说明：

【例3-7】 某工程采用人工挖孔桩，桩心混凝土为C20，桩心直径为1200mm，1#筋（桩身纵筋）布置为12Φ14；2#筋（桩身螺旋箍筋）布置为Φ8@200，加密区长度为1000mm，密箍间距为100mm；3#筋（加劲箍）为Φ14@2000，共2根。桩身大样图见下

图 3-16，试计算该人工挖孔桩钢筋含量。

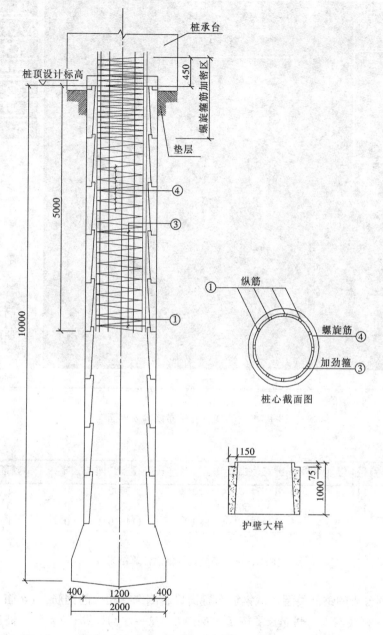

图 3-16 人工挖孔桩桩身大样图

操作如下：

(1) 建立"人工挖孔桩"构件，在项目管理树中选中"人工挖孔桩"构件，进入布筋输入状态；

(2) 输入混凝土强度等级 C20，并核对搭接长度和保护层数据的取定；

(3) 点击"新建"按钮，输入该人工挖孔桩的各种结构尺寸（见图 3-17）；

(4) 分析人工挖孔桩的配筋图，可以得知该桩钢筋主要有：纵筋、螺旋箍筋、加劲箍筋三种，护壁中未布置钢筋；

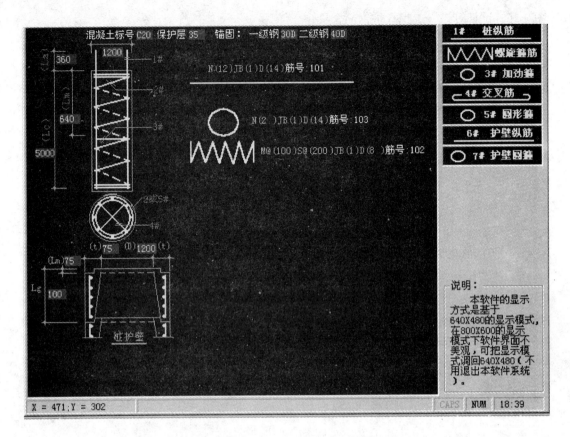

图3-17 人工挖孔桩布筋输入界面

筋号	直径	级别	图号	计算公式	长度(毫米)	根数	搭接	箍筋	损耗%	接头
加劲箍	14	1	358	1102* 3.14 + 10*d	3600	2	0	1	0	
101	14	1	3	360+ 5000+12.5*d	5535	12	0	0	0	
102	8	1	8	114479.1+12.5*d	114579	1	0	0	0	

图3-18 人工挖孔桩钢筋计算结果

（5）根据分析的钢筋类型，从钢筋布置窗口右侧选择相应的钢筋，1#筋（桩身纵筋）钢筋根数N应直接输入，钢筋长度按 $L = La + Lc + 2 \times$ 弯钩计算；2#筋（桩身螺旋箍筋）其钢筋根数由软件默认为1根，输入其加密区长度和分布长度后，软件根据螺旋线的计算公式计算其长度；3#筋（加劲箍）钢筋根数N直接输入；

（6）钢筋输入完毕后，点击"计算退出"按钮，软件计算钢筋含量，并退出布筋界面；

（7）在编辑窗口可出现软件的计算结果（如图3-18所示）。

五、独立基础、条形基础

1．独立基础

独立基础的钢筋包括有两种：横向钢筋和纵向钢筋，在布筋输入的界面中，输入项的含义与其他构件相同,"数量"输入项不必输入,软件在计算时根据间距自动计算出数量。

在钢筋输入窗口有 1#钢筋和 2#钢筋,其计算公式如下:

1#钢筋:$L = La - 2 \times$ 保护层 $+ 12.5 \times d$(一级钢)或 $L = La - 2 \times$ 保护层(二级钢)

2#钢筋:$L = Lb - 2 \times$ 保护层(一级钢)或 $L = Lb - 2 \times$ 保护层(二级钢)

2. 条形基础

条形基础的输入可看成是独立基础的纵向延伸,钢筋的输入可参考独立基础和其他构件钢筋输入的操作。

3. 有梁条基

有梁条基与一般条基的钢筋有较大区别,在确定构件类型时要注意。输入有梁条基的钢筋数据时,应根据图纸先输入"强度等级"、"抗震等级"、"保护层"、"外延基础"四项数据,再输入有梁条基的结构数据,然后根据基础大样图和有关说明,逐条抽取钢筋进行输入。

六、满堂基础

满堂基础的钢筋输入的方法和形式与板相似,其操作步骤主要包括:

(1)建立"满堂基础"构件,并进入布筋输入界面;

(2)满堂基础的公共数据输入:界面中的"混凝土强度等级"、"抗震等级"、"保护层"三项数据。注意锚固长度数据项不作为整个满堂基础的数据项,数据取值标准参见《现行建筑施工规范大全》的混凝土结构设计规范第六章钢筋锚固,其他构件的锚固取值也是根据此项规范;

(3)满堂基础主要包括主受力钢筋和分布钢筋,主受力钢筋包括1#钢筋(没有弯折)、2#钢筋(一端弯折)、3#钢筋(两端弯折),分布钢筋的图形和1#钢筋形式一样。根据图纸的要求逐根抽取钢筋进行输入,输入数据"部位数量"是指具有相同配筋和尺寸的布筋边数量,与板中的"部位数量"具有相同的含义;

(4)钢筋输入完毕后,计算退出,可选取几根钢筋用手算的结果与软件计算的结果进行比较。

第六节 表格输入与计算

表格输入法适用于梁和柱钢筋的输入,各类钢筋抽料软件设计了自己的梁表和柱表,格式不尽相同,但梁表、柱表的内容却基本一致。柱表主要包括柱编号、所在楼层、层高、节点高、混凝土强度、截面形式、截面尺寸、竖筋根数及类型、箍筋类型、密箍范围、插筋类型、连接方式等;梁表主要包括梁编号、截面尺寸、跨度、支座尺寸、梁底筋根数及类型、支座负筋根数及类型、面筋根数及类型、箍筋类型、密箍范围、腰筋根数及类型、吊筋根数及类型等。在操作钢筋抽料软件时,应根据施工图中梁表、柱表的表示方法,逐个构件、逐项输入相关数据,检查无误后,可汇总计算出钢筋抽料的结果。下面主要阐述广联达钢筋统计软件中表格输入法的应用。

一、梁表的输入与计算

梁表的输入界面如图 3-19 所示。在梁表的操作界面内可以输入多个构件,因此在输入表格数据之前,应先建立好当前工程的全部梁,建立梁表构件时应注意所有的框架梁以

"连续梁"的类型建立,而框架梁以外的其他类型梁如次梁、连系梁等以"普通梁"类型建立。

建立梁以后,按下 ▦ 按钮或 SHIFT + F4 键进入梁表输入界面。

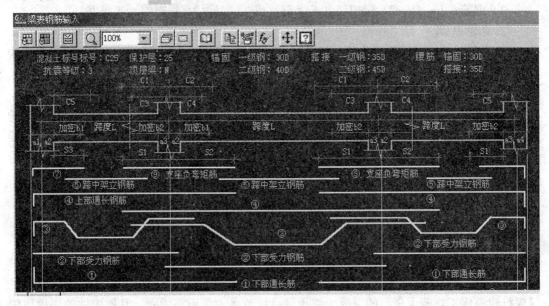

图 3-19 梁表输入界面

梁表输入界面中混凝土强度等级、抗震等级、锚固、保护层、搭接等数据,软件会根据前面建立工程时输入的信息自动产生,如果某一个数据需要调整,可以在这个界面直接输入,修改值只对这个构件有效。梁表中每一列的输入格式见表 3-1 ~ 表 3-4(图参见3-19):

表 3-1

分号	分号	梁顶标高	箍筋加密长度 H|L	断面尺寸 bzh	跨度 L	<支	座	宽	度>	<悬	臂	尺	寸>	<梁跨 ① ②>		
						a1	a2	a3	a4	h1	e1	e2	e3		s1	s2
▶																

梁 表 参 数 说 明	
参　　数	含 义 及 输 入 格 式
分号	梁跨编号,输入大于等于 0 的连续数,0 表示左悬臂跨;跨号大于 1 的表示中间跨,右悬臂跨的编号和中间跨一样,且其跨号为最大值
梁顶标高	输入梁顶标高,单位可以是毫米(mm)也可以是米(m)
箍筋加密长度	输入的格式:可以用梁跨长,梁高来表示。例如:输入 $L/4$ 表示加密长度是梁跨的几分之几;输入 2H 表示加密长度为几倍的梁高

续表

梁 表 参 数 说 明	
参　　数	含 义 及 输 入 格 式
断面尺寸	输入格式为：宽×高，例如 400×500 表示梁宽为 400、梁高为 500
跨度	直接输入数值，单位为毫米（mm），如 6000
支座宽度 a1、a2、a3、a4、	输入各跨支座对应的参数，分别为轴线至支座边的距离
悬臂尺寸 h1、e1、e2、e3	h1 为悬臂端梁高，e1、e2、e3 分别为悬臂梁各部分缩小尺寸
①②号筋栏	输入格式为：根数、级别、直径，例如：2A10 表示 2 根直径为 10 的一级钢筋，钢筋级别用［A］、［B］表示一级钢筋和二级钢筋。其中①号筋表示梁下部通长筋，②号筋表示为本跨下部受力筋。当为①号筋时，必须在参数后面加"＊"表示通长筋，如 2B25＊；当①②号筋同时存在时，中间使用"/"隔开，如：2B25＊/4B25
S1	当钢筋为①号筋，需要输入 S1 和 S2，输入通长筋通长到第几跨，以及通长筋左端的锚固长度是多少。格式为 3-1200，表示通长筋通长到第 3 跨，且通长筋左端的锚固长度是 1200。②号筋不需要输入 S1 和 S2 两个参数。当同时有①号筋和②号筋时，输入 S1 和 S2 两个参数要在输入的参数后面加"/"，①号筋的锚固数据也可以不输入，不输入时软件按默认值考虑
S2	输入通长筋多少米一个接头或总共有多少个接头，以及通长筋右端的锚固长度。格式为：8000－1200，8000 表示通长筋 8m 一个接头，右端的锚固长度为 1200mm。或者输入 2-1200，表示通长筋共有 2 个接头。200 以上的数字表示多少米一个接头，200 以下表示共有几个接头

表 3-2

下部钢筋（支座中）							筋（支座）	〈梁支〉		
③	b1	c3	b2	c4	⑥⑧	s2 s1	la s2	⑦左	C5	La

③号筋	梁的弯起钢筋，输入格式为：根数、级别、直径，如 2B25。b1、b2 输入钢筋弯起处梁高，c3、c4 分别输入弯起钢筋伸入左右支座的长度
⑥⑧号筋	支座下部负。⑥号筋 s2 输入钢筋伸出支座的长度，La 为⑥号筋伸入支座的锚固长度。⑧号筋 s1、s2 的分别为⑧号筋轴线左右的长度。当⑥号筋和⑧号筋同时存在时，中间使用"/"隔开，如：2B25/3B22；当只有⑧号筋时，⑧号筋参数前必须用"/"隔开，如/3B22，/1100
⑦左、⑦右	⑦左、⑦右分别表示框架梁左右端支座上部负筋。C5 表示钢筋伸出支座的长度，La 为钢筋伸入支座的锚固长度

表 3-3

部⑨	〈 支座 〉		钢筋（跨中）④⑤		筋中〉		〈悬臂梁 上部 钢筋〉		〈箍 筋〉		筋肢数
	C1	C2		C1		C2	⑩⑾	C1	C2	每端密箍	跨中	

⑨号筋	框架梁支座上部负筋。C1、C2 分别输入⑨号筋在轴线左右侧的长度。当⑨号筋有几种规格时，可用"/"隔开，如：2B25/3B20、1400/1500
④⑤号筋	框架梁上部通长筋及跨中架立筋。④⑤号筋输入方法同①②号筋
⑩⑾号筋	悬臂梁上部钢筋。C1、C2 分别表示钢筋伸出轴线的长度。当⑩⑾号同时存在时，可用"/"隔开
每端密箍、跨中	分别输入箍筋在梁端和跨中的钢筋根数、级别、直径、间距。例如：10A10@200 表示 10 根直径为 10 的一级钢箍筋，其间距为 200。也可不输入根数，由软件按照间距计算箍筋的数量
肢数	当箍筋为双肢箍时，可直接输入肢数为 2；当箍筋为 4 肢箍时，输入的"肢数"值为 4 的同时必须输入最大直径和根数。数据格式：肢数/根数/直径，例如 4/5/25，表示箍筋肢数为 4，每排有 5 根纵向钢筋，纵向钢筋的最大直径为 25

表 3-4

〈支托部分〉⑿			〈集中重处附加每侧密箍〉	〈集中重处〉	腰筋⒀	次梁宽	吊筋锚固长度*D	拉接筋⒁	〈飘出部〉⒂⒃⒄		
Lt	ht			吊筋	根数				lp	t1	t2

支托部分	依据图纸尺寸输入构件相应的 Lt、ht 的数值，以及钢筋的根数、直径
每侧密箍	集中重处附加箍筋，在此输入次梁两侧总附加箍筋数，格式 5a8
吊筋	集中重处附加吊筋，输入格式为：根数、级别、直径，如 2B16
腰筋	输入格式为：根数、级别、直径，如 2B18；如腰筋通长时，可在腰筋前加"*"，如 *2B18
次梁宽	输入次梁的宽度，例如 200，表示次梁宽为 200mm
吊筋锚固长度	吊筋两端平直段的长度，输入的数据为多少倍的直径，例如输入 40，表示吊筋每边为 40×D
拉接筋	输入格式同箍筋，当不输入间距时，软件默认为两倍的箍筋间距
飘出部分钢筋	依据图纸尺寸输入构件相应数值，以及钢筋的根数、直径

在输入梁表钢筋数据时应注意：

(1) 有通长钢筋，应在有通长钢筋的跨输入，以后各跨就不再输入该通长钢筋；

(2) 输入钢筋间距时请输入间距表示符"@"；

(3) 当复制梁表数据行时，先使该行数据成为当前数据行，按下 F2 键，即把当前数据行给复制下来；

(4) 当删除梁表数据行时，先使该行数据成为当前数据行，按下 SHIFT + DELETE 键，即把当前数据行清空。

【例 3-8】 某悬臂梁的结构尺寸为：

梁编号		截面尺寸 $b \times h$	跨度 L	支座宽				悬臂跨尺寸			
总号	分号			a1	a2	a3	a4	h1	e1	e2	e3
2L2	-P	180×350	1500	300				250			
	-1	250×600	7700		150	250					
	-2	180×500	2500		250	150	250				

配置的钢筋包括：

梁编号		梁下部钢筋 ①②	梁上部钢筋						悬臂梁上部钢筋		
			支座			跨中			⑩		
总号	分号		⑨	C1	C2	④⑤	C1	C2	(11)	C1	C2
2L2	-P	2Φ16							2Φ25	2000	1000
									2Φ25		1475
	-1	3Φ25 2Φ22	1Φ22 2Φ25	2600 2000	1000 1000	2Φ25					
	-2	2Φ16				2Φ25					

箍筋			集中重处附加筋	
每端密箍	跨中	肢数	每侧密箍	吊筋
7φ8@100	φ8@200	2	3φ8	
10φ10@100	φ10@150	2	3φ10	3Φ14
9φ8@100	φ8@200	2		

其中配置两排钢筋的表示①号筋为上排钢筋，②号筋为下排钢筋。试利用梁表格输入法计算该悬臂梁的钢筋含量。

操作如下：

(1) 建立悬臂梁构件，并进入表格输入界面；

(2) 按照图纸要求，输入如图 3-20 所示的数据：

分号	分号	梁顶标高	箍筋加密长度 H|L	断面尺寸 bxh	跨度 L	<支 a1	座 a2	宽 a3	度> a4	<悬 h1	臂 e1	尺 e2	寸> e3
0	0	3	1/4	180*350	1500	300				250			
1	1	3	1/4	250*600	7700		150	250					
2	2	3	1/4	180*500	2500		250	150	250				

<梁(跨①②)		s1	s2	跨中	筋>肢数	<支 Lt	托部 ht	分>⑫	<集中(附加每侧密箍
2b16				a8@200	2				6a8
3b25/2b22				a10@150	2				6a10
2b16				a8@200	2				

重处>筋)吊筋	腰筋⑬根数	次梁宽	吊筋锚固长度*D	拉接筋⑭	部⑨	座 C1	C2	钢(跨④⑤
		100						
3b14		150	20		1b22/2b25	00/200	00/100	2b25*

C1	C2	筋>中)⑪	<悬臂梁⑩	上部 C1	钢筋> C2	<箍每端密箍
			2b25/2b25	2000/0	1000/1475	7a8@100
2	0					10a10@100
						9a8@100

图 3-20　2L2 钢筋梁表输入界面

(3) 钢筋输入完毕，计算退出，经汇总后可选择钢筋明细表预览，即可得到下列结果（如图 3-21 所示）。

二、柱表的输入与计算

柱表的输入与梁表的输入相类似，在柱表的操作界面内亦可以输入多个构件，因此在输入表格数据之前，先建立好当前工程的全部柱。柱表输入界面可参照梁表输入界面，在柱表中填写数据时，要完全按照设计图纸柱表的数据内容填写，并且数据内容的含义与设计图纸中柱表的数据内容含义应一致。在柱表钢筋的输入中输入项可参考梁表的钢筋输入来操作。下面通过例题来说明柱表钢筋的输入方法：

钢 筋 材 料 明 细 表

工程名称：住宅楼
楼层编号：2　　　　　　　　　　编制日期：2001-12-4　　　　　　　第1页

筋号	规格	钢 筋 图 形	公 式	根数	总根数	单长(m)	总长度(m)	总重量(kg)
构件名称：2L2		构件数量：1	本构件钢筋量：441.2					
101	φ25	200 ⌐ 3000	2000+1000+250−2×25	2	2	3.2	6.4	24.7
11	φ25	250 ⌐100╱45╲250⌐ 3083	1000+1475+250+50−3×25+283+100	2	2	3.083	6.166	23.8
19	φ8	250 □130	(250+130)×2+(2×11.9+8)×d	25	25	1.014	25.35	10
2	φ16	1819	1819	2	2	1.819	3.638	5.7
1.012	φ14	550⌐45╲280╱250╲280╱45⌐550	150+2115+100	3	3	2.365	7.095	8.6
1.19	φ10	550 □200	(550+200)*2+(2*11.9+8)*d)	51	51	1.818	92.718	57.2
1.2	φ25	575 ⌐ 8200 ⌐ 525	7300+1000+1000	3	3	9.3	27.9	107.5
1.2	φ22	455 ⌐ 8200 ⌐ 405	7300+880+880	2	2	9.06	18.12	54.1
1.4	φ25	575 ⌐ 10700 ⌐ 625	9900+1000+1000	2	2	11.9	23.8	91.7
1.9	φ22	3600	2600+1000	1	1	3.6	3.6	10.7
1.9	φ25	3000	2000+1000	2	2	3	6	23.1
2.19	φ8	450 □130	(450+130)×2+(2×11.9+8)×d	24	24	1.414	33.936	13.4
2.2	φ16	265 ⌐ 3115	2100+640+640	2	2	3.38	6.76	10.7

图 3-21　2L2 钢筋含量明细表

【例 3-9】　某框架柱 H_j 层高度为 800，箍筋上中下各一根 φ10，节点高均为 500。试计算该框架柱的钢筋含量。框架柱的结构尺寸如下所示：

柱编号	轴号	层次	高度 H 或 H_j/H_0	混凝土强度等级 C	截面形式	截面尺寸 $b×h$
Z1	①	11	2900	C25	F	350×500
		9~10	2900	C25	F	450×600
		6~8	2900	C25	F	500×650
		3~5	2900	C25	F	550×700
		2	2900	C25	F	600×750
		1	3500	C25	F	650×750
		H0	700	C25	F	650×750

配置的钢筋包括：

层次	①	②	③	中部	端部	Ln	节点内
				箍筋			
11	2Φ20	1Φ16	2Φ16	ϕ8@150	ϕ8@100	500	ϕ8@100
9~10	2Φ20	2Φ16	3Φ16	ϕ8@150	ϕ8@100	600	ϕ8@100
6~8	2Φ20	2Φ16	3Φ16	ϕ8@150	ϕ8@100	650	ϕ8@100
3~5	2Φ20	2Φ18	3Φ16	ϕ10@200	ϕ10@100	700	ϕ10@100
2	2Φ22	2Φ20	3Φ16	ϕ10@200	ϕ10@100	750	ϕ10@100
1	2Φ25	2Φ16	3Φ16	ϕ10@200	ϕ10@100	750	ϕ10@100
H0	2Φ25	2Φ20	3Φ16	ϕ10@200	ϕ10@100	750	ϕ10@100
	竖筋			⑧⑨⑩⑪⑫号箍筋			

操作如下：

（1）建立框架柱构件，并进入柱表输入界面；
（2）按照图纸要求输入如图3-22所示的数据；
（3）钢筋输入完毕后，计算退出。

层次	层次	高度H或Hj/Ho	节点高	混凝土强度等级C	截面形式	<截 面 尺 寸>				<竖		
						b x h	b1 x h1	t1	t2	1	2	3/3a
-1	-1	800										
0	0	700	500	c25	f	650*750				2b25	2b20	3b16
1	1	3500	500	c25	f	650*750				2b25	2b20	3b16
2	2	2900	500	c25	f	600*750				2b22	2b20	3b16
3	3	2900	500	c25	f	550*700				2b20	2b18	3b16
4	4	2900	500	c25	f	550*700				2b20	2b18	3b16
5	5	2900	500	c25	f	550*700				2b20	2b18	3b16
6	6	2900	500	c25	f	500*650				2b20	2b16	3b16
7	7	2900	500	c25	f	500*650				2b20	2b16	3b16
8	8	2900	500	c25	f	500*650				2b20	2b16	3b16
9	9	2900	500	c25	f	450*600				2b20	2b16	3b16
10	10	2900	500	c25	f	450*600				2b20	2b16	3b16
11	11	2900	500	c25	f	350*500				2b20	1b16	2b16

<8、9中部箍筋	10、11<端箍筋	12号部>Ln	箍筋>节点内	接头形式	8号筋是否为螺旋箍筋
			1a10		
a10@200	a10@100	700	a10@100	单面焊	否
a10@200	a10@100	750	a10@100	单面焊	
a10@200	a10@100	750	a10@100	单面焊	
a10@200	a10@100	700	a10@100	单面焊	
a10@200	a10@100	700	a10@100	单面焊	
a10@200	a10@100	700	a10@100	单面焊	
a8@150	a8@100	650	a8@100	单面焊	
a8@150	a8@100	650	a8@100	单面焊	
a8@150	a8@100	600	a8@100	单面焊	
a8@150	a8@100	600	a8@100	单面焊	
a8@150	a8@100	600	a8@100	单面焊	
a8@150	a8@100	500	a8@100	单面焊	

图 3-22 Z1钢筋柱表输入界面

第七节 直接输入与计算

对于配筋比较简单的构件或结构特殊的构件，可以采用直接输入法计算钢筋，直接输入法操作简单，步骤清晰，亦可以作为其他输入法的补充。在各类钢筋抽料软件中，多将直接输入法作为一种基本的输入的方法，直接输入法是在手工抽取钢筋的基础上，在软件中输入钢筋的筋号、钢筋类型、根数，并选定钢筋的形状，输入相应尺寸，由软件计算钢筋长度和重量，得出计算结果。下面以广联达钢筋统计软件为例介绍直接输入法的应用。

在工程管理树中选中了要编辑的构件后，直接输入的窗口就自动显示在工程管理窗口的右侧，如图3-23所示。

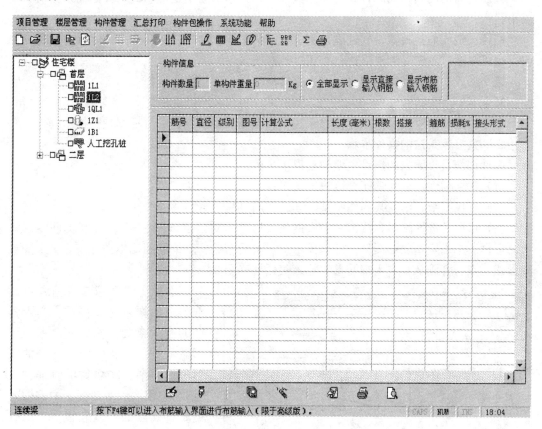

图3-23 直接输入窗口

一、直接输入法的界面介绍

构件钢筋的直接输入窗口分为三个部分：窗口上端是信息状态区；中间部分是钢筋信息区；窗口下端是7个功能按钮。

1. 信息状态区

显示当前构件的数量、当前钢筋的图形，三个选项分别表示三种不同的显示方式。

2. 钢筋信息区

通过信息区的表格直接输入构件的钢筋信息，表格中各栏目的含义如下：

筋号：钢筋编号，应参照图纸输入；

直径：直接输入钢筋的直径；

级别：对钢筋级别的定义，Ⅰ级钢输入"1"，Ⅱ级钢输入"2"；

图号：代表钢筋的式样，可以通过点击【选择图形】按钮来选择相应钢筋；

计算公式：当选择了"图号"后，软件自动给出计算公式，若不合适可以修改；

长度：可以直接输入长度数值，也可由软件计算；

根数：钢筋的数量，可以直接输入，也可以由软件根据输入的信息自动计算；

搭接：钢筋的搭接长度，输入的数值以 200 为界。数值小于 200 时，软件当作搭接个数计算；数值大于 200 时，当作搭接总长度计算（即所有绑扎钢筋的搭接长度之和）；

箍筋：当钢筋是箍筋时，此处输入数值"1"；当钢筋不是箍筋时，此处输入数值"0"或不输入；

损耗：钢筋的损耗率，软件默认为 3%，若与定额和工程要求不符，可以直接在此修改，也可以通过点击【调整损耗】按钮进行修改。

接头形式：钢筋搭接的接头形式，直接从该栏的下拉框中选择。

3．功能按钮

七个功能按钮主要是采用直接输入法输入钢筋的编辑按钮，可根据软件提示操作。

二、直接输入法的操作步骤

构件钢筋直接输入的操作主要包括以下步骤：

(1) 建立构件，进入钢筋直接输入窗口；

(2) 查找图纸，输入某构件中某钢筋的"筋号"、"直径"、"级别"；

(3) 点击【选择图形】按钮，进入钢筋图形显示对话框（图 3-24），在"钢筋图形显示对话框"中确定钢筋的图形，即有无弯折、有无弯钩，从钢筋图形中选择符合要求的钢筋形式，点击【确认】进入钢筋参数输入对话框（图 3-25）；

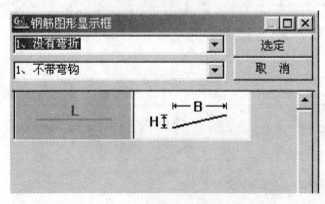

图 3-24 钢筋图形显示对话框

(4) 在"钢筋参数输入对话框"中根据软件的提示，输入钢筋的有关参数。例如在"钢筋图形显示对话框"中选定钢筋的图形为带两个 180°弯钩的直筋，在"钢筋参数输入对话框"中需输入钢筋直线段的长度和根数，由软件自动计算该直筋的长度 $L =$ 直线段长度 $+ 2 \times 6.25d$，输入完毕后，点击【确认】退出后，即可在直接输入窗口看到"计算公式"、"长度"、"根数"、"搭接"、"箍筋"、"损耗"等栏目已填有数值，可根据需要修改；

(5) 选择接头方式，利用下拉式选项，选择与工程相符合的接头方式；

(6) 某钢筋输入完毕，再输入构件的其他钢筋。

在使用直接输入法输入钢筋时应注意"钢筋参数输入对话框"中给出的钢筋计算公式，如果与工程实际不符合，可以对其加以修改。对话框右边的【根数计算】按钮可以对

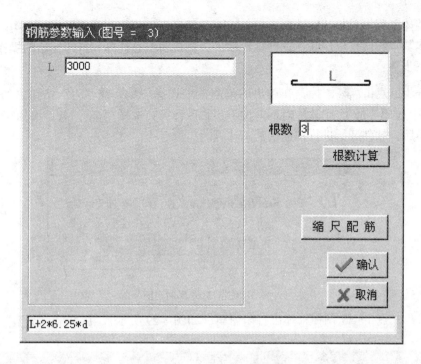

图 3-25 钢筋参数输入对话框

分布筋、箍筋的数量进行自动计算,点击【根数计算】按钮后,弹出如图 3-26 所示的对话框,输入相关数据后点击【确认】,软件会自动算出钢筋的数量;对于一些实际工程中特殊结构形式（如弧形结构）的箍筋和分布筋的计算,可点击【缩尺配筋】按钮,通过弹出的如图 3-27 所示的对话框进行计算。

图 3-26 钢筋数量计算对话框

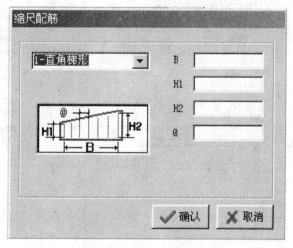

图 3-27 缩尺配筋对话框

第八节 汇 总 输 出

在各类钢筋抽料软件中均有汇总计算和打印输出的功能,汇总计算时要注意预算钢筋抽料和施工下料的不同,选择合适的方法。打印输出一般有按构件汇总打印、按楼层汇总打印和整体工程汇总打印的选择，根据需要选择恰当的范围和报表形式。各类钢筋抽料软件的操作基本相同，以广联达钢筋统计软件为例说明汇总计算和打印输出的操作，其一般包括以下步骤：

第一步：点击 Σ 图标，在弹出的询问框中选择"是"或"否"按钮（如图3-28所示），其中选择"是"，则软件对钢筋按下料长度计算；选择"否"，软件按预算长度计算。选择完毕后，软件开始进行钢筋的汇总计算。

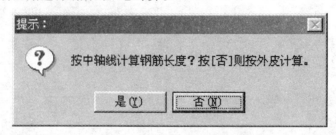

图3-28 汇总计算询问框

第二步：点击 🖨 图标，弹出打印窗口（如图3-29所示），在"报表类型"中有单位

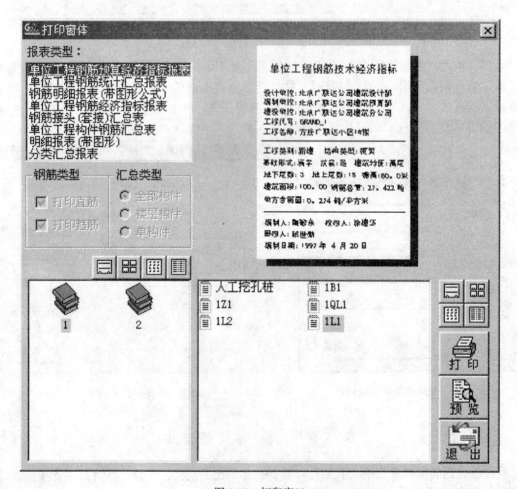

图3-29 打印窗口

工程钢筋预算经济指标、单位工程钢筋统计汇总报表、单位工程钢筋材料明细表、砌体加筋钢筋材料明细表等八种打印的报表，每种报表可以通过"预览"键来查看报表的类型和打印的数据。"单位工程钢筋材料明细表"分直筋和箍筋两种报表，两种报表可分开来打，也可同时打。打印直筋、箍筋时，可分"楼层"、"单构件"、"全部构件"打印，其中"全部构件"按楼层编号顺序进行打印；"单构件"可在左边的框内选择一个或多个构件进行打印；"楼层"打印时软件提示输入楼层名称，可输入多个楼层名称，如："6，7，8，10"等。

第三步：检查需打印的报表，确认无误后，点击【打印】按钮，进行钢筋报表的打印输出。

复 习 思 考 题

1. 钢筋抽料软件抽取钢筋与手工抽取钢筋的思路有何不同？计算结果是否相同？
2. 在钢筋抽料软件中有哪些常用的抽取钢筋的方法？各有什么优缺点和适用范围？
3. 布筋输入法的基本操作包括哪些？
4. 利用布筋输入法输入连续梁钢筋时，若连续梁分别为2跨、3跨、4跨，应如何输入相应连续梁的钢筋？
5. 表格输入法的基本操作包括哪些？
6. 如何利用表格法输入单梁、连续梁或圈梁的梁钢筋？
7. 框架柱钢筋主要有哪些类型？如何应用布筋输入法和表格输入法进行输入？
8. 直接输入法的基本操作包括哪些？
9. 直接输入法可不可以做为其他钢筋输入方式的补充？其操作特点有哪些？
10. 在汇总计算时，钢筋的下料长度和预算长度有何区别？各适用于什么情况？
11. 常用的钢筋报表形式有哪些？如何在钢筋抽料软件中选择合适的报表形式？

第四章 套价取费软件的操作

第一节 套价取费软件的主要功能

套价取费软件是工程预结算中进行套价、工料分析、计算工程造价及进行项目管理等工作的一种应用软件。它是工程预结算最后一个阶段使用的软件。套价取费软件的主要功能包括：

一、项目管理

一般建设工程按其构成内容不同分成由大到小共三级：建设项目、单项工程、单位工程，其中单位工程是预算编制的基本单位。现行的套价取费软件能对建设项目进行三级管理，即不仅能编制单位工程预算，计算单位工程造价，还能分级汇总出单项工程造价和建设项目造价。

广联达概预算软件采用树状结构对建设项目进行三级管理，工程项目之间的关系在项目管理器的树状结构图中能清楚地反映出来，并能逐级汇总工程项目的造价。不足之处是土建和安装工程分成两个模块软件，不便汇总统计。

殷雷预结算软件也有对建设项目进行三级管理的功能，并且其土建和安装工程统一在一个软件中，可对一个单项工程的土建和安装工程预算造价进行汇总计算。

二、套定额或清单价

套价取费软件能通过输入定额或清单编号和工程量自动套算定额价或清单价。输入定额编号时，各取费软件均提供了直接输入和查询输入功能；同时各取费软件均能进行子目换算、按附注调整等子目处理。

为适应工程造价改革中工程量清单计价方法的需要，各概预算软件纷纷推出工程量清单计价软件。如广东省实行新的《2001建筑工程综合定额》后，新的计价办法是定额计价和工程量清单计价方法同时并存，广联达公司就推出了《广联达清单计价系统GBGV8.0》，该软件能同时兼容定额计价和新的工程量清单计价方式。殷雷公司也推出了《广东省工程预结算2001》和《广东省工程量清单2002》软件。

三、工料汇总和价差调整

汇总工料及调整工料价差是一项非常繁琐的工作。而运用软件则可以非常方便地解决这个问题。一般软件在概预算表输入完后即自动汇总出工程的工料，此时只需输入工料的市场价即可实现工料的价差调整。

工料的市场价一般可以直接输入，也可以采用信息价输入。部分软件公司在定额管理站的协助下将市场价做成信息盘直接提供给用户，或者在互联网上发布市场价信息供用户下载。

四、工程取费

全国各地的定额和计价方法不同，其取费定额也不同。各预算软件均能根据各地不同定额提供当地所有工程类型的取费模板，以便使用者在使用软件时可根据需要选取自己需要的模板，即可由软件自动计算出工程造价。同时还允许使用者在取费表中任意定义自己需要的取费项，对费率进行任意的修改。

五、报表输出

预算报表是编制预算的最终结果和表现形式。预算软件的最大优点是可根据使用者的需要设计封面、编制说明及输出各式各样的报表，如工程报价单、分部工程汇总表、工程费用表、工程量清单及投标报价表、技术措施费汇总表、材料价差表、工料汇总表等；有的预算软件还可以根据自己的需要设计不同的报表格式。

六、其他功能

1. 进度管理

根据施工进度，工程需跨越几个季度，则结算需分成多个计算期，分别套用不同季度的材价文件甚至不同的定额和计费文件，这就要用到预算软件中的进度管理功能。目前有的预算软件已经具备这项功能，如殷雷预结算软件就首创同一份预算套用不同行业定额采用不同计费文件的计算模式，并可按进度划分工程量套用不同季度材价文件进行工程结算。

2. 结算审核

目前不少预算软件还提供预结算审核功能，审核方在原预算或报价的基础上对照增减，得出审核定价或结算价。

第二节 套价取费软件的操作步骤和要点

一、套价取费软件的操作步骤

一般套价取费软件的操作流程可参见图 4-1 所示。

二、套价取费软件的操作要点

在套价取费软件的操作流程中有一些要点需准确把握：

1. 划分工程建设项目的层次

软件对工程建设项目的管理是按照建设项目→单项工程→单位工程的层次进行的，因此在软件的操作中应分清该工程是哪一层次的工程，在建立项目时进行系统的项目分级管理。

2. 定额子目的输入

在软件中输入定额子目时应注意子目是否需要换算。一般的套价取费软件均将定额常见的换算做成标准换算或自动换算功能，在定额子目输入时只需点击"标准换算"或"自动换算"按钮，软件即能弹出对话框供操作者选择。因此操作者在需对子目进行换算时应首先考虑是否可以进行标准换算或自动换算。

3. 工程量的输入

工程量的输入单位有两种选择方式：按自然单位输入和按定额单位输入，一般情况下为避免输入出错，最好采用自然单位输入。因此在工程量输入前应设置好单位输入方式。

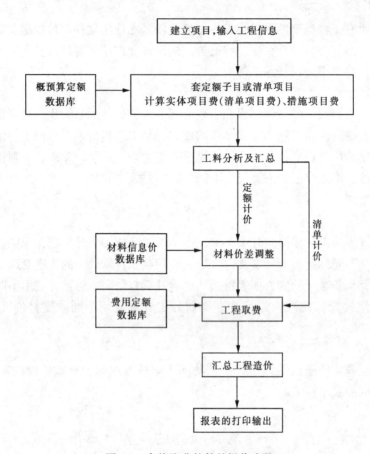

图 4-1 套价取费软件的操作步骤

第三节 套价取费软件的基本操作

下面主要以广联达工程概预算软件 GBG99 为例来介绍套价取费软件的使用方法。

启动方法同前述图形算量软件、钢筋抽料软件一样,不再赘述。

软件启动后,弹出 GBG99 窗口界面,界面顶部两行分别为系统的菜单栏和工具栏(图 4-2)。

图 4-2 GBG99 窗口界面

一、软件界面介绍

1. 菜单栏

菜单命令选项,包括项目管理、预算编制、数据维护、系统功能、编辑和帮助六个选项。

项目管理：同图形算量软件的操作；

预算编制：单击此菜单即进入所选单位工程的预算编制界面；

数据维护：主要是对定额库、费用模板、报表的维护和管理；

系统功能：对系统的用户及密码进行设置、修改、删除；

编辑：对象或文本的剪切、复制、粘贴和清除，对已进行操作的撤消和重做；

帮助：系统的帮助系统。

2. 工具栏

工具栏含义与前面图形算量软件相同，这里不再赘述。

二、软件操作的基本程序

广联达工程概预算软件操作的基本程序为：

1. 新建项目或打开已建立的项目

运用菜单栏"项目管理"下的"新建项目"或"项目管理"命令建立新的建设项目、单项工程或单位工程；如果是打开已有项目，则可用菜单栏"项目管理"下的"项目管理"命令。以上操作均可通过工具栏命令实现。

2. 预算编制

输入单位工程概预算表，同时进行必要的项目换算等子目处理。

3. 价差计算

输入人工、材料、机械台班的市场价，调整人工、材料、机械台班的价差。

4. 工程取费

根据软件给出的费用模板或自建的费用模板计算各项工程费用。

5. 报表输出

要求软件自动计算所有报表的数据，并可选择需要的报表进行打印输出。

第四节 项 目 管 理

一、"项目管理"的菜单命令

点击菜单栏的"项目管理"或同时按下快捷键【ALT】+【P】，打开"项目管理"下拉式菜单，包括有六个命令选项：

（1）项目管理：相当于软件的文档管理器，可通过该命令选项建立、删除建设项目或单项、单位工程；也可以打开已建立的单位工程；还可以对项目信息进行修改、备份等。

（2）新建项目：通过新建建设项目向导功能，按照窗口提示，可逐步完成建立工作。

（3）保存项目：保存正在编辑的项目。

（4）关闭项目：关闭打开的项目。

（5）退出系统：退出 GBG99 系统。

二、建立新项目

广联达工程概预算软件实行三级项目管理方式，即建设项目—单项工程—单位工程。如建立一个包括多幢住宅楼的住宅小区项目，则可建立诸如"住宅小区—1#住宅楼—土建工程"这样的三级管理方式。

新建一个建设项目有两种途径：

1. 利用"新建建设项目向导"

单击"项目管理"菜单下的"新建项目"命令或单击工具栏的 ▯ 弹出"新建建设项目向导"对话框。该对话框需输入新建项目的名称、建设单位和工程地点等信息，其中建设项目的名称必须输入，其他数据可以不填，但如果不填的话，后期输入的报表中有关这两项的内容也会空缺。填写完毕，点击对话框底部的【下一步】按钮，进入新建项目向导的第二个对话框——单项工程信息框。填写完该信息框相应信息后，按向导提示进一步完成单位工程的信息建立工作。

2. 项目管理器

点击"项目管理"菜单下的"项目管理"命令，或直接单击工具栏的 ▯ 符号，打开项目管理器对话框，如图4-3所示。

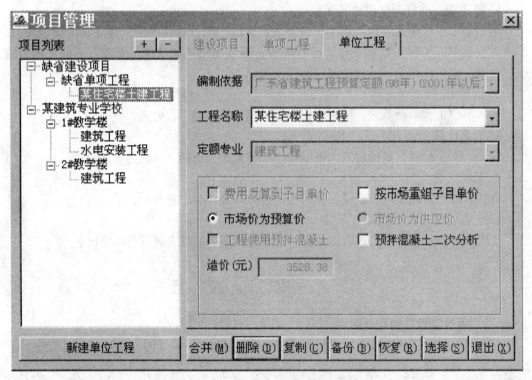

图4-3 项目管理器对话框

如要建立一个新建建设项目，则先点击管理树中最高级别即某一建设项目的名称，使项目新建按钮变成【新建建设项目】和【新建单项工程】两项。点击【新建建设项目】按钮，则在管理树中出现了一个与其他建设项目并列的虚框，右侧则弹出空白的"建设项目标签"，填入相应建设项目信息后，点击右下角的【确认】按钮，则建立完成该建设项目的信息，可以发现左侧管理树中多了一个建设项目的分枝。

在该建设项目下，再点击【新建单项工程】按钮，项目信息栏自动弹出"单项工程"标签，按照上述建立建设项目相同的方法，依次完成单项工程和单位工程项目信息的建立。

如"某建筑专业学校"建设项目下已有一个单项工程"1#教学楼"，若想再给它建立一个"2#教学楼"的单项工程,则可以点击"某建筑专业学校"前面带加号的小方框,展开该项目,再单击【新建单项工程】按钮,弹出"单项工程"标签,填写相应单项工程信息后,单击【确认】按钮即可。

若只需建立一个单位工程如"某住宅楼土建工程",则在项目管理器下,输入如图4-3所示的内容即可。

三、打开已建项目

如果要打开已建的某建设项目或单项工程,鼠标选取项目管理树中所要打开的建设项目或单项工程,然后点击【选择】按钮即可进入"建设项目总概算表",如图4-4所示。用同样的方法打开某单位工程,系统即进入预算编制的界面。

行号	序号	名称	表达式	造价	百分比基数	百分比	建筑费用
1	一	1#教学楼	132142.56	132142.56	{3}	48.194	127042.00
2	二	2#教学楼	142048.80	142048.80	{3}	51.806	142049.00
3	三	合计	{1~2}	274191.36	{3}	100.00	269091.00

图 4-4 建设项目总概算表窗口

第五节 预 算 编 制

概预算表的主要功能就是输入子目编号和工程量,同时对子目进行换算、合并、排序以及自定义分部等处理。

由新建项目向导建立项目后,点击【完成】按钮,软件即自动进入预算编制界面;或打开项目管理器,从管理树中选中要进行预算编制工作的单位工程或新建的单位工程,点击【选择】按钮后,即进入单位工程预算编制界面,如图4-5所示。对于已打开但已退出预算编制界面的单位工程,只需点击【预算编制】菜单,即可进入预算编制界面。

一、定额编号的输入

概预算表编制的第一步是定额编号输入。输入的方法有直接输入、定额章节查询输入、跨定额库输入、图形算量生成子目的传入和补充定额的输入。

1. 直接输入

若已知定额编号,可直接在概预算表的定额号列输入一个定额号如"1-5"即可。

2. 按定额章节查询输入

若不知定额编号,可选择边查询边输入的方法。步骤如下:

步骤1:点取预算表下方的【查询】按钮,在弹出的菜单中选取【查询定额库】一项,则会弹出"按章节或关键字查询定额"窗口(如图4-6),进入按章节查询状态;

步骤2:用鼠标单击需要的子目,使光标停留在需要的子目上,直接点击【选择子目】按钮,则选择的子目就输入到概预算表中。

如果要同时选取多条子目,可以用鼠标右键依次点取所需子目,此时所选中的子目会变成亮蓝色,也可以切换章节和专业选取其他的子目,选择完毕后,再点击【选择子目】按钮,将所选取的子目一次性输入到概预算表中。如果在查询定额子目时需要查看某子目

图 4-5 预算编制界面

的人材机消耗或某章节的说明、计算规则及各章节工作内容时，只需选取该子目或切换到该章节，然后点击子目列表下方的【人材机】按钮或【说明及计算规则】按钮即可。

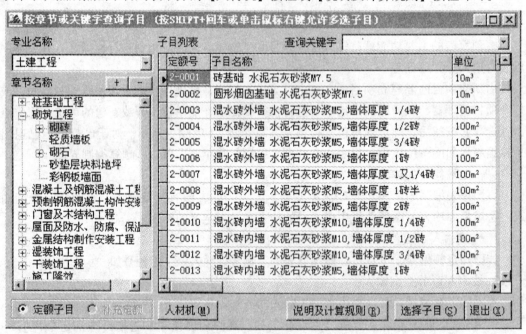

图 4-6 按章节或关键字查询定额窗口

3. 跨定额库输入

如果需要借用其他专业的定额子目，有两种跨定额库输入方法：

若已知定额子目的编号：直接在"定额号"栏输入"["，如已安装了其他定额，则会弹出定额选择对话框，点击所需的定额库名称，则在"定额号"栏显示带有中括号的定额代号，再在其后输入该定额的子目编号即可。

若不知定额子目编号：可点击概预算底部的【查询】按钮，在弹出的菜单中点击【查询其他定额库】命令选项，则同样会弹出定额选择对话框，从中选择所需定额库的名称，然后按照"按定额查询输入"的方法选择所需的定额子目。

4. 图形算量生成子目的传入

如果所输子目是从图形算量软件里直接传入，则可点击概预算表下的【查询】按钮，选取其中的"图形算量生成子目"选项，即可进入"图形工程量数据接口"窗口。

5. 补充定额的输入

补充定额的输入有两种方法：

若在原有定额子目的基础上做补充子目，例如要补充一个"毛石基础浇捣"（其中毛石含量小于20%）的子目，可按照以下步骤操作：

步骤1：输入原有定额子目5-88，预算表的"子目名称"列自动显示"毛石基础混凝土"字样；

步骤2：点击预算表下方的【人材机】按钮打开"人材机"窗口，修改毛石和混凝土含量（如图4-7）。如果需要增加一种定额库中已有的材料，点击"人材机"下方的【查询人材机库】按钮，弹出"人材机库"窗口，从"人材机库"窗口中选择相应材料，确定后输入该材料的定额含量即可；

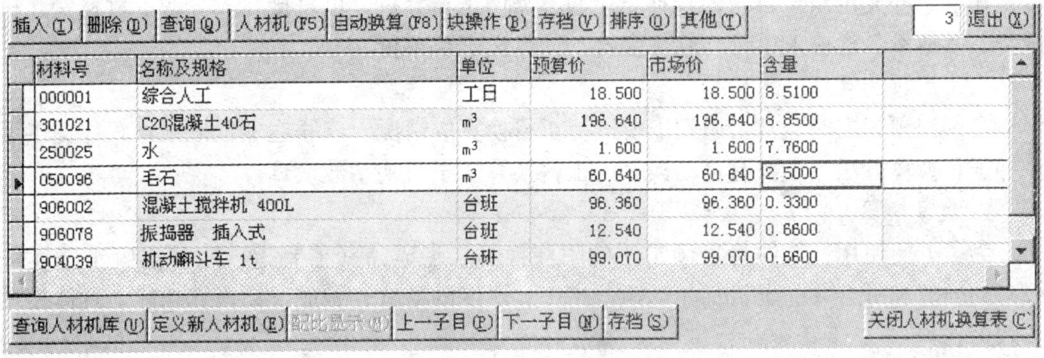

材料号	名称及规格	单位	预算价	市场价	含量
000001	综合人工	工日	18.500	18.500	8.5100
301021	C20混凝土40石	m³	196.640	196.640	8.8500
250025	水	m³	1.600	1.600	7.7600
050096	毛石	m³	60.640	60.640	2.5000
906002	混凝土搅拌机 400L	台班	96.360	96.360	0.3300
906078	振捣器 插入式	台班	12.540	12.540	0.6600
904039	机动翻斗车 1t	台班	99.070	99.070	0.6600

图4-7 人材机窗口

步骤3：点击"人材机"窗口右下角的【关闭人材机换算表】按钮，返回到预算编制窗口，则预算表的"定额号"栏自动出现"5-88补"字样，补充定额子目输入完毕。

若无参考定额的补充子目，例如补充一个定额子目"干铺碎石10cm厚地坪"，可按照以下步骤操作：

步骤1：在预算表的"定额号"一栏按下列格式输入补充定额号B：×××，如B：001；

步骤2：在"子目名称"一栏输入该子目的名称：干铺碎石10cm厚地坪；

步骤3：在"单位"一栏输入所需单位，或双击鼠标左键，从下拉菜单中选取所需的单位：100m²；

步骤4：输入人材机代号及消耗量，单击预算表下方的【人材机】按钮，打开"人材机"窗口，输入人材机代号；如果不知人材机代号，可以单击【查询人材机库】按钮，在

"材料类别"中选取所需材料种类,单击【选择】按钮,回到"人材机"窗口,并输入所选材料的定额含量,如图4-8所示。若需将补充子目保存以备用,则只需点击人材机上方的【存档】按钮即可;

步骤5:单击"人材机"窗口右下角的【关闭人材机换算表】按钮,返回预算编制窗口。

材料号	名称及规格	单位	预算价	市场价	含量
000001	综合人工	工日	18.500	18.500	19.9500
050086	中砂	m³	26.360	26.790	1.9800
050091	碎石 40	m³	64.140	68.080	10.9700

图4-8 补充定额的人材机窗口

在输入补充定额子目时,若补充定额不需做工料分析,可直接在人工费、材料费、机械费、其他费各栏输入单价,软件会自动计算出子目单价。

二、定额的换算

在编制预算书时经常会遇到需要进行子目换算的情况。广联达工程概预算软件提供了多种子目换算方法,主要有自动换算、工料换算、子目乘系数换算等。

1.自动换算

为了方便使用,软件将定额常用的附注换算、半成品(主要指砂浆和混凝土强度等级)的换算和可合并的子目(如运距、高度、厚度的增减)做成自动换算功能。具体换算步骤为:

步骤1:在"定额号"栏输入子目编号,使光标停在"工程量表达式"栏;或将光标移到要换算的子目上。如果子目可以进行自动换算,则预算表下方的【自动换算】按钮显现亮色,否则显现灰色。

步骤2:点击【自动换算】按钮,或直接在该子目的"定额号"栏处单击右键,计算机会根据不同的定额弹出不同形式的换算窗口(如图4-9)。

步骤3:在自动换算窗口输入实际数值或选取所需项目,再单击【确认】按钮,退回预算书编制状态,完成子目的自动换算。如果子目中涉及到砂浆和混凝土强度等级的换算(如图4-10),则在选取该砂浆或混凝土项目再单击【确认】按钮时,则还会弹出一个砂浆或混凝土选择框,点击所需的选项,则自动退回预算书编制状态。

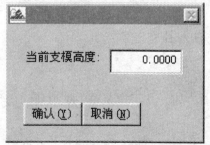

图4-9 自动换算窗口

2. 工料换算

工料换算是指对子目中的工料进行添加、删除、替换或对其工料消耗量进行修改的换算。

若子目是添加或替换定额材料库中已有的材料，或是对其工料进行删除和对其消耗量进行修改，则操作方法同补充定额的输入方法。

若子目是添加或替换定额库中没有的材料，如楼地面铺进口一级玫瑰红大理石，则按以下步骤进行：

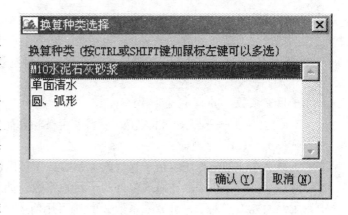

图 4-10 换算种类选择窗口

步骤 1：在"定额号"一栏输入子目号 10-26，回车；

步骤 2：点击预算表下面的【人材机】，打开"人材机"窗口；

步骤 3：把光标移动到 240026 各色大理石材料处，单击【定义新人材机】按钮，打开"人材机属性定义"窗口，输入新材料的信息（如图 4-11），然后单击对话框右下角的【确认】按钮。

步骤 4：单击"人材机"窗口右下角的【关闭人材机换算表】按钮，返回"人材机"窗口。

3. 子目乘系数换算

子目乘系数换算，通过在子目后面加一个乘系数的换算标记进行。换算后，根据定额

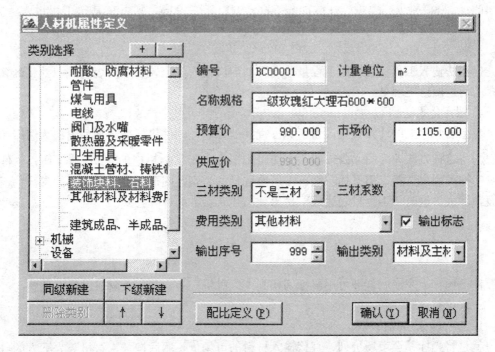

图 4-11 人材机属性定义窗口

号中的换算信息,系统会在子目名称后附加相应的字符串,以区别于定额子目。

例如子目人工×系数:$R \times n$（n 为系数,R 大小写均可,□表示空格）

2-56□$R \times 1.1$——表示人工费乘1.1系数,子目工日数会增加1.1倍,子目名称后会加上"人工费×1.1"字符。

子目×系数:$\times n$（n 为系数）

2-56□$\times 1.1$——表示子目人工、材料、机械和其他费同时乘1.1系数,子目名称后会加上"单价×1.1"字符。

子目乘系数的换算还包括子目材料×系数、子目机械×系数、子目其他费×系数、人材机含量×系数等。除上述格式之外的子目乘系数,如子目"小型构件 φ10 内钢筋制安"中,定额换算为"人工、机械乘系数2",则可用前述工料换算方法进行换算。

三、工程量的输入

定额编号输入完毕后,应进行子目工程量的输入。预算表的第三、四列分别是"工程量表达式"和"工程量"栏,其中"工程量表达式"栏需人工输入,"工程量"栏则会自动生成。

"工程量表达式"输入法有直接输入、表达式输入、描述法输入和图元公式法输入。

1. 直接输入工程量

直接输入工程量,就是直接将工程量计算结果输入到"工程量表达式"栏,这是最常用的一种输入方法。应考虑是按工程量直接计算结果还是按除计量单位后的结果进行输入。

2. 表达式输入法

表达式输入工程量,就是将工程量计算的四则运算表达式直接输入到"工程量表达式"栏,系统会自动将计算结果值显示在"工程量"栏。

如:C20 混凝土柱模板,柱截面积 500×500,高 2.90m,则可在其"工程量表达式"栏输入:$0.5 \times 4 \times 2.9$,系统会自动在"工程量"栏中计算出结果 0.058（100m²）。

3. 描述法

描述法输入工程量是调用工程量输入对话窗口输入多个较复杂的表达式,并将计算表达式的值返回给工程量。

4. 图元公式法

对于一些常见的计算公式,为了免去查找的麻烦,软件将标准图形列出作为图库,方便使用,这种方法即为图元公式法。方法是用鼠标单击工具栏中的 f_x 功能按钮,软件弹出对话框供用户选择,用鼠标左键单击所要选择的类别及图形,定义该图形的参数,返回到概预算表。这时"工程量表达式"栏出现已代入参数的计算公式。

第六节 价 差 计 算

在概预算表完成后,即可用鼠标切换到"人材机"表,开始人材机的价差调整。

一、价差计算

1. 直接输入市场价调价

就是将光标移至市场价列,直接输入材料的市场价。然后按"人材机"表下方的【确认】按钮即可。

在输入材料的市场价时,可能会需要进行材料单位的转换。如在输入"瓷质耐磨砖 400×400"的市场价时,原定额单位是 m^2,现市场价单位是块,如果希望将定额单位转换为市场价单位,则可进行如下的操作:

步骤1:确定"人材机"表中是否有"单位转换系数"和"输出单位"两项显示项。如果没有,则可单击"人材机"表下的【设置】按钮,弹出"显示项选择"对话框,操作方法同前述【预算表显示项设置】一样,将上述两项输入到显示项中。

步骤2:在"输出单位"列输入要转换的单位,如"块",也可以用【Alt】加下箭头或双击鼠标左键选择,然后在"单位转换系数"栏输入材料的转换系数,从 m^2 转换为块,其转换系数为6.25,表示输出材料量需要乘6.25,相应材料价格将除以6.25。如图4-12所示。

名称及规格	单位	材料量	预算价	市场价	输出单位[↓]	单位转换系数
瓷质耐磨砖 400×400×9.5	m²	151.8000	33.080	4.885	块	6.25
混凝土10石 C20	m³	36.4179	182.940	172.380	m³	1
混凝土20石 C20	m³	548.9553	184.430	172.380	m³	1
碎石三合土 1:3:6	m³	1.9588	100.180	93.760	m³	1
水泥石灰砂浆 M5	m³	38.5403	111.220	104.700	m³	1
水泥石灰砂浆 M7.5	m³	12.1516	125.330	118.100	m³	1
水泥石灰砂浆 M10	m³	19.9747	141.560	133.530	m³	1
水泥砂浆 1:2	m³	11.6259	200.270	189.390	m³	1

图4-12 人材机窗口(材料单位转换)

2. 选择信息价调价

如果已建立了人材机市场价格库,则可在调价时点击【信息价选择】按钮,选择其中的信息价,点取【确认】按钮,所有材料的市场价即可替换为信息价。当然还可以直接单击鼠标右键选取信息价选择项。

建立人材机价格库可在菜单"数据维护"中的"人材机市场价"子菜单命令下进行。

步骤1:点击"人材机市场价"子菜单,系统弹出"人材机市场价维护"窗口(如图4-13),先在窗口下方选择定额种类。

步骤2:选择窗口中已有的一个价格库,如2002-2,再在窗口右方单击【复制】按钮,系统弹出"市场价名称"窗口,输入要建立的市场价名称如2002-3,按【确认】按钮,系统回到"人材机市场价维护"窗口,2002-3价格库名称已显示在窗口中。

步骤3:点击窗口右边的【修改】按钮,打开"2002-3"价格库,修改其市场价后,按【退出】按钮,完成价格库的建立。

二、"人材机"表的其他按钮或选项

人材机表下方按钮除上述已介绍的【信息价选择】和【设置】按钮外,还有材料显示选项和【市场价存档】、【其他】等按钮。下面主要介绍材料显示选项和【市场价存档】按钮的功能。

1. 材料显示选项

材料显示选项有三个选项:"显示全部材料"、"显示输出材料"和"显示调价材料"。

系统一般默认只显示有输出标记的材料,如果想查看概预算表子目用到的所有材料,可点取屏幕下方的【显示全部材料】下拉列表,选择【显示全部材料】,这时所有的材料

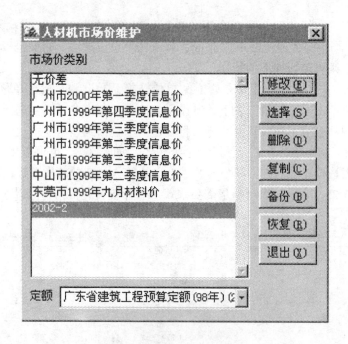

图 4-13 人材机市场价维护窗口

都显示在"人材机"表中;选择【显示输出材料】,系统只显示设置输出标记的材料;选择【显示调价材料】,系统将显示设置了调价材料标记的材料。

2．市场价存档

直接输入市场价完毕后,如果要将该市场价保存到人材机市场价格库中,则可击【市场价存档】按钮,弹出"市场价存档名"对话框,输入市场价名称,按【确认】按钮即可。

第七节 工程取费和独立费

一、取费的一般程序

工程取费的一般程序如下:

步骤1：在预算编制界面单击"取费表"标签,进入取费表编制窗口;

步骤2：点击窗口下部的【费用选择】按钮,弹出费用文件选择窗口(如图4-14);

步骤3：在费用模板选择窗口,操作窗口左边费用类别树形图,找到合适的费用文件,费用文件的详细内容会在窗口右边显示出来;

步骤4：选定费用模板后,点取窗口下面【选择】按钮,则费用文件传入取费表;

步骤5：查看有关取费基数和费率,如果正确则取费结束,如果不正确则可以修改或自己建立一套费用;

步骤6：点击工具栏上方的【Σ】按钮,进行汇总计算,则费用表中的各项费用金额计算出来。

在选择费用模板时,如果取费表中已有费用文件,系统会提示"选择新费用模板覆盖当前费用文件",选择"是",覆盖当前费用文件;选择"否",则把新的费用模板追加到当前费用文件后,同时取费基数行号自动改变。

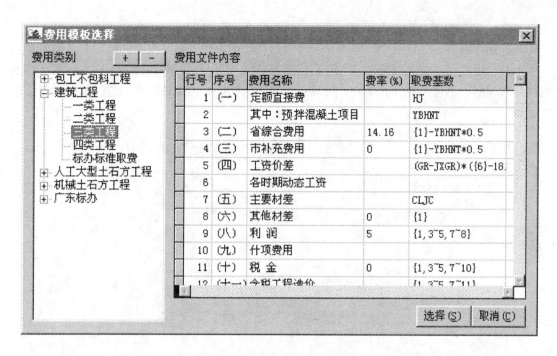

图 4-14 费用文件选择窗口

二、修改费用模板

1. 修改取费基数

这里的取费基数是指一般定额站或造价处发布的取费文件中的取费基数,如果想改变一个取费基数时,就可以在取费表的取费基数列自行输入一个表达式。

2. 修改费率

修改费率可直接将光标移至费率栏,然后输入一个新费率即可。

3. 插入或增加一项费用

插入或增加一项费用可以通过"费用表"底部的【插入】或【删除】按钮来完成。

三、自建费用模板

如果需要的费用模板软件没有提供,可按照需要建立一套费用表,方法是直接输入费用名称、费率和取费基数,输完一行后,再移到下一行,输完后,点取【确认】按钮保存即可。

四、费用模板存档

当要将建立或修改后的费用表保存起来,以便以后使用时,可以点取【存档】按钮,在弹出的费用存档窗口中,查看费用类别树,选择一个类别或用【同级新建】和【下级新建】建立一个新类别,输入一个费用名称后,点取【确认】按钮即可。

第八节 汇总计算与报表输出

一、汇总计算

完成预算编制、材料调价和取费等处理后,接下来的应该是对整个工程的各种报表进行汇总计算,得出概预算的结果。在广联达工程概预算软件中可以通过两种方式实现。

1. 退出预算编制时汇总

在预算编制的任何一个页框下，按【退出】按钮，则弹出"报表"对话框，询问"是否汇总输出当前单位工程报表"，点击【是】选项，则弹出如图 4-15 所示的"汇总计算条件"对话框；选择汇总计算条件，然后点击【确认】按钮，则系统自动进行单位工程汇总计算。

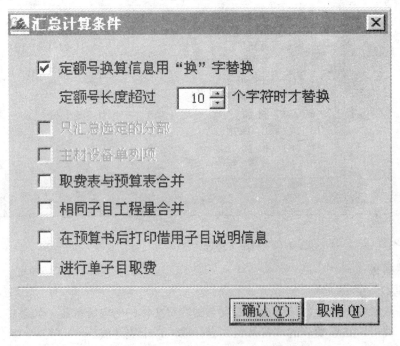

图 4-15　汇总计算条件对话框

2. 点击工具栏【Σ】按钮汇总

在预算编制的各个页框均可点击工具栏上方的【Σ】按钮进行汇总，按系统缺省条件将单位工程各报表所需数据均计算出来。取费表的金额显示在费用金额列，用浅灰色区别，不允许随意修改。这种方式只汇总数据，不输出报表。需要输出报表，还需单击工具栏上的退出预算编制，或在已退出预算编制的状态下单击工具栏上图标为【打印机】的按钮即可输出报表。

二、报表输出

报表输出的步骤如下：

步骤 1：弹出"报表输出窗口"

如果汇总计算是在退出预算编制时进行的，则在系统自动进行单位工程汇总计算后，弹出"报表输出窗口"。

如果要在已退出预算窗口（未选择汇总输出的）的状态下进行报表输出，则只需单击工具栏上的 🖨 按钮，弹出"报表输出窗口"。

步骤 2：直接输出报表

用鼠标点击中间选择框中的预算报表，选择要输出的方式是预览、打印或导出，再点取【确认】按钮即可。

第九节 工程量清单计价软件

为了适应经济体制改革和加入WTO的需要，加快我国与国际惯例接轨，推行工程量清单计价是工程造价改革的必然趋势。不少省份和地区已经纷纷出台并推行了相应的工程造价改革方案。如广东省就在2001年11月开始正式实施新的《广东省建筑工程计价办法》，该办法规定：将建筑工程计价分为工程量清单计价和定额计价两种方式，工程项目划分为实体项目、技术措施性项目和其他措施项目。两种计价方式的具体比较如下表4-1所示。

工程清单计价与定额计价的区别　　　　　　　　　　表4-1

计价方式 异同	工程量清单计价	定　额　计　价
项目设置	项目设置综合了各个工作内容、施工工序	项目按综合定额中的子目来设置
单价构成	采用综合单价，包括工料机费、管理费和利润，工料机费按市场价组价	采用工料单价法，基价中不包括价差和利润
其他措施项目	以工程量清单项目费为基础，执行约定的费用标准	以实体项目费为基础，执行约定的费用标准
计算规则	清单项目的工程量计算规则其所包含的子项工程量计算规则，与定额子目工程量计算规则是完全对应的	
项目构成	都划分为实体项目和措施项目，实体项目是随量的变化而调整，措施项目费不随量的变化而调整	

为了顺应这种新的计价方式，各软件公司纷纷推出工程量清单计价系统软件。如广联达公司推出了《广联达清单计价系统GBGV8.0》，广州殷雷软件公司也推出了《广东省工程量清单2002》。下面以《广联达清单计价系统GBGV8.0》为例来学习清单计价软件的操作。

一、软件界面介绍

软件启动后，弹出如图4-16所示的GBGV8.0窗口界面。界面的菜单栏和工具栏与前述的工程概预算软件GBG99大同小异，这里不再赘述。

图4-16　GBGV8.0界面

二、建立项目或打开预算文件

进入到清单计价系统，首先出现如图4-17所示的对话框。

1. 新建项目

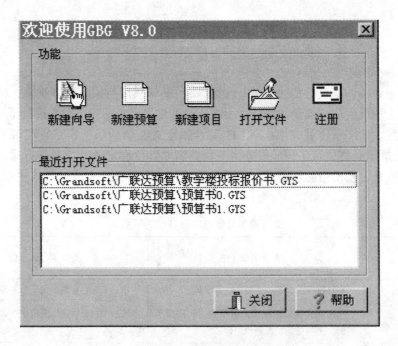

图 4-17 项目管理对话框

如果要建立一个建设项目或单项工程项目的分级管理方式，则可以点击"新建项目"标签，建立如图 4-18 所示的项目管理器。

工程名称	预算文件	工程造价（元）	直接费（元）	其中：人工费
整个项目		3,934,290.00	0.00	0.00
1#教学楼		1,316,790.00	0.00	0.00
土建工程		1,258,400.00	0.00	0.00
水电安装工程		58,390.00	0.00	0.00
2#教学楼		2,617,500.00	0.00	0.00
土建工程		2,538,000.00	0.00	0.00
水电安装工程		79,500.00	0.00	0.00

图 4-18 项目管理器

2．新建预算

如果只需新建一个单位工程，就点击"新建预算"或"新建向导"标签。

点击"新建预算"后直接进入预算编制界面，工程按系统默认设置的计价方式、定额种类、工程类别、地区类别计算。如果想更改默认设置，则选择菜单"系统功能"下的"选项设置"子项重新进行设置，但更改的默认设置对已经建立或已经打开的文件无效。

点击"新建向导"后，出现如图 4-19 所示的对话框。

按照对话框提示一步步输入计价方式、工程类别、地区类别、市场价格库及工程名称、预算书名称等信息。建议新建预算文件时用"新建向导"功能。

3．打开文件

在如图 4-17 窗口直接用鼠标左键双击所选定的预算文件，或点击"打开文件"标签来选择要打开的已建项目或预算文件。

以上每一个功能选项都可以通过点击菜单"文件"下的子菜单选项或工具栏选项来实现。

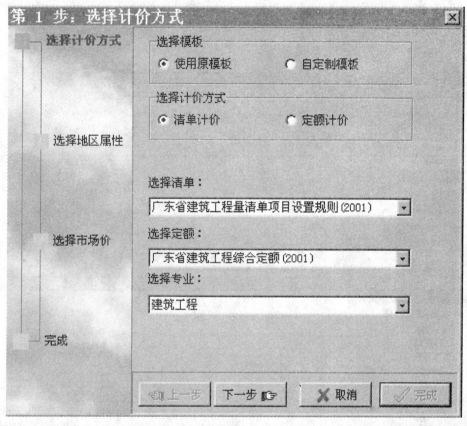

图 4-19 新建向导对话框

三、预算编制

新建预算完成或打开预算文件后，软件即进入如图 4-20 所示的预算编制界面。

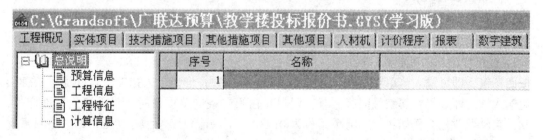

图 4-20 预算编制界面

该预算编制界面同 GBG99 一样呈片式布局，用鼠标点击每一个标签，可实现页片之间的切换。

（一）工程概况信息的输入

进入预算编制界面后，第一步要做的工作就是输入工程概况信息。点击"工程概况"标签，展开"总说明"，依次输入预算信息、工程信息、工程特征三项信息。计算信息不用输入，预算书编制完成后计算信息会自动显示出来。

(二) 实体项目的输入

如果计价方式选择的是清单计价，点击"实体项目"标签后出现如图 4-21 所示的窗口。图中上部窗口为清单项目区，用来输入清单项目；下部窗口为工作内容指引输入区，用来输入清单项目所包含的定额子目。

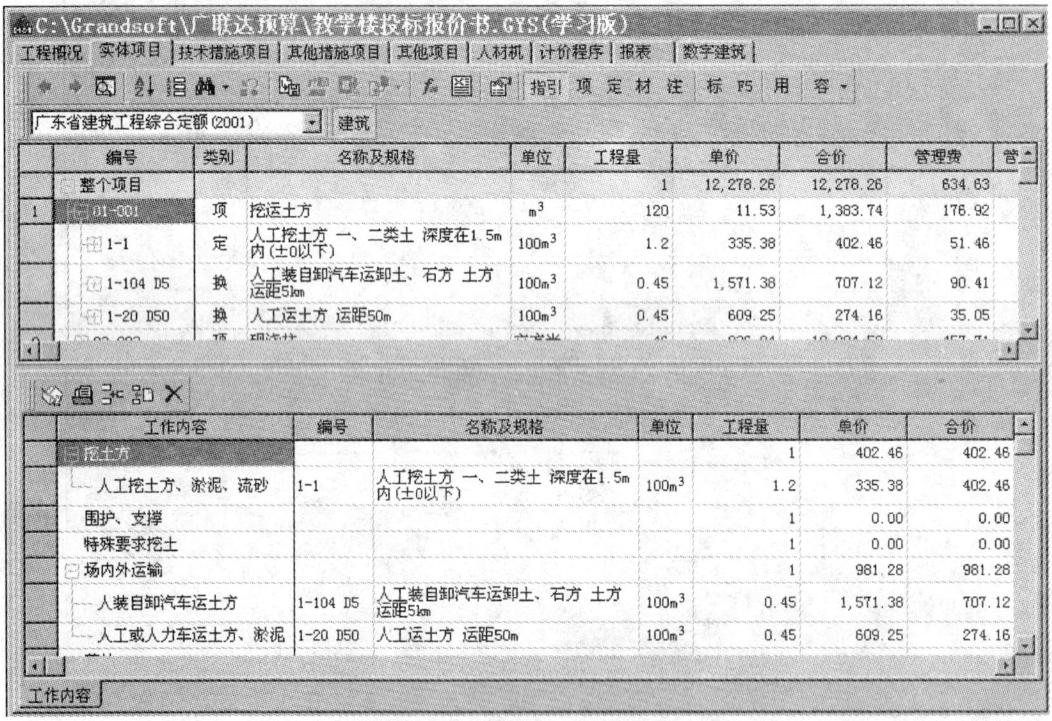

图 4-21 清单项目输入窗口

1. 清单项目输入

在清单项目输入区输入清单项目。清单项目的输入有三种方法：

直接输入法：适用于已知清单项目编码的情况。单击鼠标右键选择"插入清单"或按 Ctrl+Q 组合键，即可插入一清单项目行。在类别为"项"行上的"编号"列输入"1-1"，按回车键，即可输入清单项目 01-001。为减少击键次数，加快输入速度，软件提供一种快速输入法，即如果相邻编号同属一章，用户在输第二条清单项目时，只需输入后面序号，软件自动取章号。例如：上一清单编号为 01-001，下一清单编号为 01-002，第二条只需输入 2，回车，编号列栏显示 01-002。

查询输入：查询输入就如同翻定额书一样边翻边输入清单项目，非常方便。操作方法如下：选择主菜单"实体项目"下的"清单项查询"或鼠标单击预算书工具条中的【项】，弹出清单查询窗口。在右侧的目录区，选择相应的章节，再选择左侧的清单项目（可实现多选）。按鼠标左键拖动或双击或按回车键，将清单项目输入到清单项目编制区。

补充输入：输入清单规则和用户规则没有的清单编号，系统默认为补充清单项目。依次输入清单项目名称、单位和工程量，接着在清单项目输入区直接输入该清单所含定额子目及其工程量。对于补充的清单项目，如果需要保存起来供下次使用，则可单击鼠标右键选择"保存清单项",弹出清单项保存窗口,输入清单编号,按【确认】按钮即可保存,按【取消】按钮取消保存操作。

2. 指引项目输入

每个清单项目均包含了可组合的主要工作内容。输入清单编号后,光标停留在清单项目所在栏,按钮【指引】呈亮显状态时,则清单项目所包含的工作内容自动显示在下部窗口的工作内容指引输入区。此时可输入消耗定额子目。如图4-21,清单项目01-001包含五项工作内容:①挖土方,②围护、支撑,③特殊要求挖土,④场内外运输,⑤其他。在每一个工作内容下可输入一个或若干定额子目,称之为输入指引项目。

指引项目的输入有直接输入和选择工作指引项目输入两种。

直接输入:在工作内容指引输入区,当光标停在所选工作内容时,单击鼠标右键选择"插入指引项目"或点击工具条,在该工作内容下插入一空行,直接输入定额编号和工程量即可。

选择工作指引输入:在工作内容指引输入区,当光标停在所选工作内容时,单击鼠标右键选择"选择指引项目"或点击工具条弹出"选择工作指引和定额"窗口,选择定额子目。如图4-21,在"挖土方"和"场内外运输"两个工作内容下分别选择指引项目输入消耗定额子目,如选择1-1和1-20、1-104。

输入完定额子目后,接着输入子目工程量,此时清单所包含的定额子目和工程量显示在清单项目编制区的相应清单项目下了,如图4-21。点击定额编号前的【+】按钮,则定额子目所包含的人材机全部展开来形成一个树形结构图,如图4-22。

编号	类别	名称及规格	单位	工程量	单价	合价
整个项目				1	4,785.10	4,7
01-001	项	挖运土方	m³	120	11.53	1,3
1-1	定	人工挖土方 一、二类土 深度在1.5m内(±0以下)	100m³	1.2	335.38	4
000003	人	三类工	工日	19.5	18.00	3
GLFY	它	管理费	元	51.456	1.00	5

图4-22 定额子目人材机树形结构图

3. 定额子目的换算和补充

(1) 直接输入换算 直接输入子目时,可以在定额号的后面跟上一个或多个换算信息来进行换算,预算书类别以"换"作标识,区别定额子目。其格式同GBG99中的"子目乘系数换算",这里不再赘述。

(2) 标准换算 根据定额的章节说明及附注信息,软件将定额子目常用到的换算方式做进软件,做为标准换算,系统会自动进行处理,计算新的单价及人材机含量。

操作方法是:选择主菜单"实体项目"下的"换算"→"标准换算"子项或点击工具条标,系统弹出标准换算窗口,当前子目按定额规定可换算的内容全部显示出来。具体内容同GBG99的"自动换算"。

广东清单计价方式下,只有当光标停在窗口上部的清单项目区中的定额时,才能进行标准换算。例如输入1-1清单项,下面的工作内容指引窗口就显示对应的工作内容,对其中的"特殊要求挖土"选择工作指引时,选择窗口中没有可选的字目,这种情况是可以进行标准换算的内容。如果输入 1-1 子目，鼠标左键单击页面工具条中 标 图标，弹出的窗口中就有"挖湿土"内容。

(3) 材料换算　一般换算时，要换算的均是同一类别的人材机，系统提供了一种材料类别换算方法。用鼠标左键双击子目行号或单击子目树形结点上"+"号，打开"人材机"，移动光标到"名称与规格"列，单击鼠标左键或回车，单元格右方出现一黑箭头，单击此箭头，系统弹出下拉选框，在"人材机"库中与当前材料类别相同的材料全部列出来。单击要换算的材料，换算即完成。系统用选中的材料替换原有材料，含量不变，但重新计算子目单价，如图 4-23。

(4) 修改量换算　定额子目人工、材料、机械的用量可以直接修改，即可以进行修改量换算。方法是：鼠标双击所要修改的人材机项的含量，则该项含量会分解为"工程量×定额含量"的形式，此时可直接修改其定额含量。如图 4-24 所示，定额"二类工"的原定额含量是 20.88，此时可直接在 20.88 上修改。

编号	类别	名称及规格	单位	工程量
整个项目				1
01-001	项	挖运土方	m³	120
03-002	项	现浇柱模板	m²	230
3-14	定	现浇建筑物模板制安 矩形柱模板（周长m）1.8内（±0以上）	100m²	2.3
000002	人	二类工	工日	48.024
030012	材	松杂木枋板材（周转材、综合）	m³	0.6348
030033	材	000100:木砖	m²	17.756
140010	材	030001:杉圆木（综合）	kg	26.266
140074	材	030002:松原木 Φ100~280	kg	9.246
		030003:松杂原木（综合）Φ100~280		
		030004:杂原木		
250028	材	030005:杉木板材	张	69
		030006:杉木桶板		
250038	材	030007:杉木枋材	kg	23
		030010:松木枋材		
		030011:松木板材		
904004	机	030012:松杂木枋板材（周转材、综合）	台班	0.644
907012	机		台班	3.45
		030013:松杂直边板（脚手架用材）		
GLFY	它		元	297.275

图 4-23　定额材料换算下拉框

	编号	类别	名称及规格	单位	工程量	单价	合价
	整个项目				1	4,785.10	4,785.10
1	01-001	项	挖运土方	m³	120	11.53	1,383.74
2	03-002	项	现浇柱模板	m²	230	14.79	3,401.36
	3-14	定	现浇建筑物模板制安 矩形柱模板（周长m）1.8内（±0以上）	100m²	2.3	1,478.85	3,401.36
	000002	人	二类工	工日	2.3 * 20.88	20.00	960.48
	030012	材	松杂木枋板材（周转材、综合）	m³	0.6348	1,095.23	695.25
	030033	材	胶合板（防水δ18 1#胶）	m²	17.756	51.43	913.19
	140010	材	铁件	kg	26.266	3.40	89.30

图 4-24　修改量换算窗口

另一种修改量换算方式是可以直接修改子目人工费、材料费、机械费或者单价，软件可反算到人材机含量中。

(5) 补充定额的输入　有时清单项目所包含的工作内容下需要输入补充定额，操作步骤如下：

步骤 1：选中该工作内容，单击鼠标右键，选择“插入指引项目”或点击工具条，则在该工作内容下插入一空行。在“工作内容”列可自己定义指引项目内容，也可通过选中该列，鼠标单击右侧的向下箭头，选择一指引项目；

步骤 2：在该工作指引下依次输入补充定额子目编号，名称及规格、单位和工程量；

步骤 3：若需要输入该补充子目的人材机组成，需要到清单项目编制区进行操作。光标停在定额子目所在行，单击鼠标右键，选择“插入子项”，则在该定额子目下插入一空行；

步骤 4：点击窗口上方的按钮【材】，系统弹出“人材机查询”窗口。用鼠标依次双击所需的人工、材料、机械，则所选取的人材机被放在清单编制区的该定额子目下了，如图4-25所示。

	编号	类别	名称及规格	单位	工程量	单价	合价
	整个项目				1	7,527.30	7,527.30
1	04-020	项	砖砌栏板	m	265.2	28.38	7,527.30
	4-106	定	砖砌零星构件 砖砌栏板 厚度1/2砖	100m	2.652	2,786.97	7,391.04
	3-294	补	零星钢筋的制作	t	0.051	2,671.80	136.26
	000002	人	二类工	工日	0.5789	20.00	11.578
	010001	材	圆钢 Φ10以内	t	0.053	2,352.25	124.669
	140024	材	镀锌铁线 Φ0.7	kg	0.051*0.09	3.59	0.017

图 4-25　补充定额窗口

步骤 5：输入人材机的定额含量，则系统自动计算出该定额子目的单价。输入人材机的定额含量时，在该人材机的“工程量”列以“工程量 × 定额含量”的形式输入，如图 4-25，定额子目工程量为 0.051、镀锌铁线的定额含量为 0.09，则在输入材料“镀锌铁线”的含量时输入“0.051 × 0.09”。

(三) 技术措施项目和其他措施项目的输入

1. 技术措施项目

点击“技术措施项目”标签，即进入技术措施项目输入界面，如图 4-26。

工程概况 | 实体项目 | 技术措施项目 | 其他措施项目 | 其他项目 | 人材机 | 计价程序 | 报表 | 数字建筑

定 材 标 F5 建筑

	编号	类别	名称	单位	数量	单价	合价	利润
	技术措施费			元	1	37,127.26	1.00	812.35
B1	一、	部	脚手架使用费	宗	1	15,666.11	15,666.11	729.53
1	10-3	定	综合脚手架 钢脚手架 综合脚手架(钢管) 高度(m以内) 20.5	100m²	9.74	1,608.43	15,666.11	729.53
B2	二、	部	垂直运输机械使用费	宗	1	4,149.89	4,149.89	0.00
2	11-10	定	建筑物20米以内的垂直运输 现浇框架结构	100m²	4.3	965.09	4,149.89	0.00
B3	三、	部	建筑物超高人工、机械增加费	宗	1	426.40	426.40	82.82
3	12-1	定	建筑物超高增加人工、机械降效率 高度 30m以内	元	1	426.40	426.40	82.82
B4	四、	部	大型机械安拆费、进退场费	宗	1	16,884.86	16,884.86	0.00
4	913002-1	机	塔式起重机每次安拆费 80kNm(±0以上)	台次	1	7,500.00	7,500.00	0.00
5	913029	机	塔式起重机每次场外运输费 80kN(±0以上)	台次	1	9,384.86	9,384.86	0.00

图 4-26　技术措施项目界面

前三项技术措施费，直接输入定额子目编号。如果是清单计价，软件自动按"人材机"里载入的市场价格确定这宗费用。大型机械安拆费、场外运输费直接输入实际费用。

建筑物超高人工机械增加费确定消耗定额子目后不需要输入工程量，系统会根据在实体项目中输入的消耗定额子目确定的±0.00以上的子目人工费和机械费而自动计算。

2. 其他措施项目

点击"其他措施项目"标签，进入其他措施费输入界面，软件已经自动按系统默认的取费文件计算出其他措施费。

如果系统默认的取费文件不合要求，也可直接输入合计费用、修改费率或计算公式，或通过载入已有的费用模板计算其他措施费。软件提供了载入模板和保存模板功能。

（四）人材机汇总和价差调整

进入"人材机"窗口，工程所有的人材机已经汇总出来。通过窗口上端的下拉选择框，可选择显示全部人材机、实体项目人材机或技术措施人材机，如图4-27。

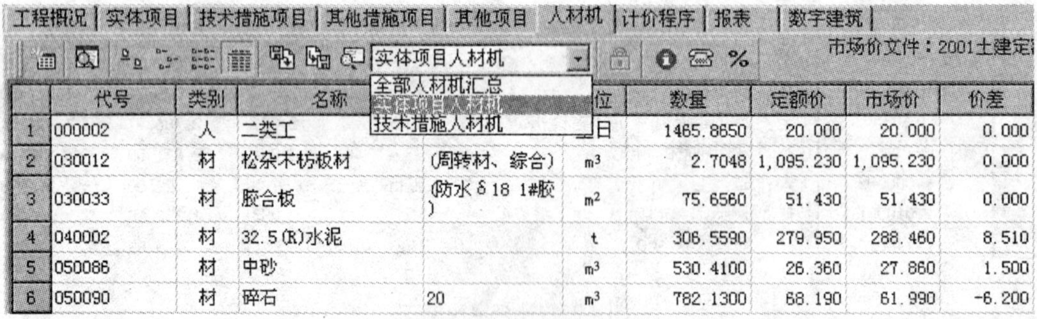

代号	类别	名称		单位	数量	定额价	市场价	价差
000002	人	二类工		日	1465.8650	20.000	20.000	0.000
030012	材	松杂木枋板材	（周转material、综合）	m³	2.7048	1,095.230	1,095.230	0.000
030033	材	胶合板	（防水δ18 1#胶）	m²	75.6560	51.430	51.430	0.000
040002	材	32.5(R)水泥		t	306.5590	279.950	288.460	8.510
050086	材	中砂		m³	530.4100	26.360	27.860	1.500
050090	材	碎石	20	m³	782.1300	68.190	61.990	-6.200

图4-27 人材机界面

对于清单计价，通过点击工具条 载入市场价，则实体项目和措施项目定额子目综合单价全部按载入的市场价计算，不存在价差调整。对于定额计价，则需要通过载入市场价来调整价差。

人材机市场价格库可通过直接输入市场价然后点击工具条 存档建立，也可通过信息盘载入或通过网上载入。

（五）工程取费

单击"计价程序"标签，进入工程取费表界面。如图4-28。

对于使用"新建向导"建立的单位工程预算文件，因为已输入工程信息，软件根据信息自动选择费用文件。点取左侧列表框中"费用文件"，窗口右方自动显示具体的取费项目及各项取费金额。对于使用"新建预算"建立的单位工程概预算，软件则根据默认的工程类别等信息自动计取费用。

如果自动取费文件不合要求，可对取费表的费用名称、取费基数、费率进行自由修改或通过点击工具条 载入需要的费用表。修改取费基数可点取菜单"费用表"下的"选择费用代码"，或单击鼠标右键使用快捷菜单，选择需要的费用代码，则该费用代码加到原有取费基数上。

如果甲乙双方在合同中约定好了取费办法，但与费用定额规定有差异，则使用者完全可以按照自己的需要，建立一套费用表。方法是点取主菜单"费用表"下的"新建"或点

图 4-28 计费程序界面

取左侧列表框中"新建费用",进入新建费用表。如果不选择样板,则生成一个空费用表,用户可逐项输入费用项目,也可打开其他工程文件鼠标拖入费用项或整个费用表。

四、输出报表

对预算进行了取费、调价,最后就可输出报表,根据不同地区定额特点与使用习惯,软件已设计好报表格式,使用者可在此基础上修改,也可自行新建喜欢的报表类型。点取屏幕上【报表】标签,即切换到报表页面。

软件提供了封面、工程总说明、工程总价表、分部工程费汇总表、分项工程费汇总表、技术措施费汇总表、人材机汇总表、土建工程量清单及投标报价表等报表供使用者自由选择,如果对其满意,可直接打印输出。

如果软件提供的缺省报表不能满足要求,可以自行建立报表格式,双击左边列表框中"新建报表"项,系统弹出"新建报表"窗口,点击工具条 进行报表设计。

复 习 思 考 题

1. 运用广联达概预算软件的功能及预算编制的基本程序是什么?
2. GBG99 中的项目管理有哪些功能?
3. 定额编号有哪几种输入方法?如果不知道定额编号,可用哪种输入方法?
4. 补充定额有哪两种途径?熟悉其编制步骤。
5. 定额子目换算有几种方法?自动换算主要通常用于哪些情况下的换算?
6. 工程量有哪几种输入法?其中最常用的是哪种输入法?如果某子目的工程量计算要调用几何图形公式,则可用哪种输入法?
7. 价差调整有哪几种方法?如何建立人材机市场价格库?
8. 工程取费有哪些步骤?如果费用文件中没有所需的费用文件,该如何操作?
9. 广联达清单计价系统 GBGV8.0 中如何建立项目?如何打开已有项目?
10. GBGV8.0 中如何输入清单编号及如何补充清单项目?如何输入指引项目?
11. GBGV8.0 中清单项目所包含的定额子目有哪几种换算方法?如何补充定额子目?
12. GBGV8.0 中技术措施费有哪部分费用不用输入,系统会自动计算?其他措施费需要输入吗?

第五章 安装工程预算软件的操作

安装工程预算软件一般是指工程量套价软件，因安装工程预算与土建工程预算在计算步骤上基本相同，故其预算软件的操作与土建工程的工程量套价软件的操作亦基本相同。

安装工程预算软件的操作主要包括以下步骤：

（1）输入子目及工程量：在概预算表中输入各子目的定额编号和工程量；

（2）取费：在取费表中选择合适的费用模板，并根据有关规定进行调整；

（3）调价：在人材机表、主材、设备表中输入各项内容的实际价格；

（4）汇总输出：输入完毕后，汇总计算，并可选择恰当的报表形式，打印输出，形成一份完整的安装工程预算书。

现行的各类安装工程预算软件可以应用在确定安装工程造价的各个阶段，包括设计概算、投标报价、施工预算、计划统计、竣工结算、造价审核等。软件的通用强，多采用一套系统配多套定额，实现不同定额在同一软件中使用，方便全国各地工程的需要。在此基础上，各安装工程预算软件还可以提供多种调价方式，既可以直接输入当前市场价、也可以用定额站公布信息价多期加权计算所得价调价，适用不同省市定额站的调价方式；并提供了审核功能，审核方可在原结算的基础上对照增减，输出报表；还提供了样式齐全的报表，报表格式对用户开放，允许自行设计或调整，以满足特殊的要求。下面以广联达安装工程预算软件为例，说明安装工程预算软件的使用。

第一节 安装工程预算软件的启动及项目管理

一、软件的启动

安装工程预算软件的启动有两种形式：一是直接左键双击该软件在"桌面"的图标；二是可从"程序"中选择。打开广联达安装工程预算软件后，出现如图 5-1 所示的界面。因界面内容与广联达工程概预算软件界面内容一致，在此不再赘述。

二、项目管理

安装工程预算软件的项目管理一般包括工程项目的新建、保存、复制、删除、备份、恢复等操作，在进行项目管理操作时，软件中建设项目、单项工程、单位工程多采用枝状管理。广联达安装工程预算软件的项目管理对话框如图 5-2 所示。

项目管理中项目结构、工程特征的确定，是编制安装工程预算书的第一步，应认真细致地选择与工程项目相适应的定额，并确定工程的专业属性，如给排水工程、暖通空调工程、电气设备安装工程等。

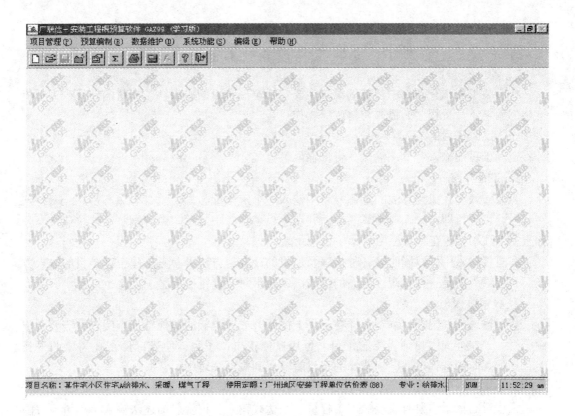

图 5-1　广联达安装工程预算软件界面

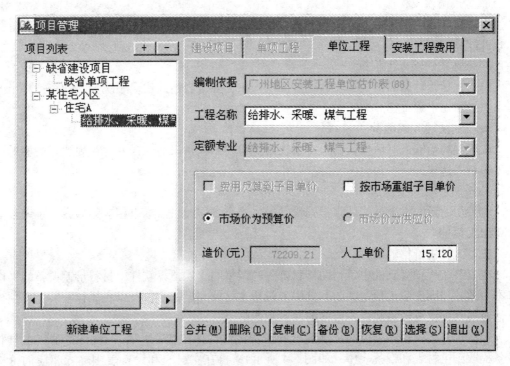

图 5-2　项目管理对话框

第二节 安装工程预算软件的预算编制

在安装工程预算软件中预算的编制主要包括定额子目的输入、工程量的输入、人材机价格的调整、计费程序的提取与修改等操作。

一、定额子目的输入

定额子目的输入有直接输入、查询输入等方式。

1. 直接输入

直接输入是在概预算表的定额号列中输入一个定额编号即可。如输入"8-3"子目号，回车后，该子目即可进入概预算表中，并在项目名称栏中显示"镀锌钢管（螺纹连接）公称直径25以内"，在单价栏中显示子目基价。

在直接输入中可以同时做各种换算及子目的合并，方法可参考土建工程子目的输入方法。直接输入法是一种直观、简洁的输入法，要求对专业定额熟悉。

2. 查询输入

查询输入就像翻阅定额本一样在屏幕上按章节或按定额的其他特征查阅自己需要的定额子目。若在查询中找到需要的子目，可用鼠标单击该子目，使光标停留在需要的子目上，点取相应的选择按钮，则选择的子目就输入到概预算表中。

二、工程量的输入

工程量的输入主要有直接输入工程量、表达式输入工程量、描述法输入工程量、按图形输入工程量等方法。

1. 直接输入工程量

将计算好的工程量结果直接输入在工程量表达式栏，适用于手工计算工程量并在电脑上套价计算的情况。

2. 表达式法输入工程量

将工程量计算的四则运算表达式直接输入在工程量表达式栏，系统会自动将计算出的结果值显示在工程量栏。

3. 描述法输入工程量

调出工程量输入对话框，输入多个较为复杂的工程量表达式，并计算表达式的值返回到工程量表达式栏。

4. 按图形输入工程量

软件用图形表示出某些计算工程量常用公式，操作时只需给出相应的参数，系统自动计算出工程量。

三、人材机价格的调整

在安装工程预算软件中，辅助材料价差的调整同土建预算软件中材料价差调整的操作基本一致。但因安装工程定额的基价中未包括主材价和设备价，所以在操作安装工程预算软件时应增加主材价格和设备价格的输入和调整。

在概预算表中输入子目的定额编号和工程量后（如图 5-3 所示），软件自动将主材和设备提取到主材表和设备表中（如图 5-4 所示），再在主材表和设备表中输入相应的价格和其他信息即可。主材设备调价的主要操作有直接输入主材设备市场价调价、主材单位转换、主材的转换输出、主材三材的调价、设置主材设备是否输出、设置主材设备的输出类别、改变主材设备排列次序等，下面分别加以说明。

行号	定额号	工程量表达式	工程量	子目名称	单位	单价	合价	人工费	材料费	机械费
1	8-3	560	56.00000	镀锌钢管（螺纹连接）公称直径（mm以内）25	10m	4.91	274.96	2.10	2.50	0.31
2	8-136	420	42.00000	承插排水塑料管（粘接）110	10m	37.03	1555.26	7.73	29.12	0.18
3	8-354	25	2.50000	洗脸盆安装 钢管镶接冷水	10组	454.21	1135.52	17.59	436.62	0.00
4	8-379	25	2.50000	大便器安装（坐式）瓷低水箱钢管接	10组	291.65	729.12	27.09	264.56	0.00

图 5-3 概预算表

代号	名称及规格	单位	材料量	预算价	市场价	输出标记
5938	镀锌钢管	m	568.4000	5.630	5.630	✓
5944	承插塑料排水管	m	357.8400	25.000	25.000	✓
5945	承插塑料排水管件	个	477.9600	18.000	18.000	✓
5979	洗脸盆	个	25.2500	230.000	230.000	✓
5993	瓷大便器	个	25.2500	300.000	300.000	✓
5995	瓷大便器低水箱 带全部铜活	套	25.2500	100.000	100.000	✓

图 5-4 主材表

1. 直接输入主材设备市场价

将光标移至市场价列，直接输入主材或设备的市场价即可。市场价可参考各省市定额造价管理站每月或每季度发布的材料价格信息确定，目前很多预算软件公司将发布的材料价格信息制作成光盘供用户拷贝，或在网上提供信息可供下载。

如果在项目管理中的单位工程输入时选择市场价为预算价，则这里的输入市场价应该是市场预算价，即应该在市场供应价的基础上加上采购保管费、市内运输费、手续费等规定的费用，价差=市场价−预算价；如果选择市场价为供应价，则只需输入市场供应价即可，价差=市场价−供应价。

2. 主材单位换算

有时预算定额的主材单位和定额站发布的价格信息上材料单位不一致时，需要将主材输出单位进行转换，如钢材的单位由米（m）转换为吨（t）、水泥（kg）转为（t），可在输出单位列输入需要转换的单位，也可以用【Alt】键加下箭头或双击鼠标左键选择，然后在单位转换系数栏输入材料的转换系数，如从 kg 转换为 t，其转换系数为 0.001，表示输出材料量需要乘 0.001；如从 m 转换为 t，其转换系数即为材料的线比重。

3. 主材的转换输出

在进行预算编制时有时需要将方木转换为圆木输出，这种类型的转换称为材料对材料的转换输出。可将光标移至需要转换的材料上，点取屏幕下方【转换输出】按钮，系统弹出转换材料对话框，左边是材料分类树形图，在右边窗口选择需要的材料后点取窗体下方【确认】按钮，这时会弹出另一窗口，要求输入材料的转换系数，如方木转换为圆木，其系数一般为1.2，表示转换后的材料量为转换前的1.2倍，输入后确认退出即可实现更改。

4. 主材三材的调价

在很多地区需要统计三材量，即总的钢材、木材和水泥量。不同单位的材料累加前要统一单位，有些需乘一定系数，在软件设计中已在材料库作了三材的分类和转换，一般钢材、水泥的统计单位为吨（t），木材的统计单位为m^3。

5. 设置主材设备是否输出

主材表中有一列"是否输出"，它控制材料是否需要输出到最终的主材设备汇总表中，打勾表示输出，不打勾表示不输出。改变的方法是用鼠标点击该列的小方框即可来回切换。

6. 主材设备输出类别

在软件设计中，一般材料的输出类别都已经自动设置，不需要更改。

四、计费程序的提取与修改

全国各省市的取费方式由各地的造价管理站规定，在安装工程预算软件中，各地的计费程序均按照定额站的要求做成了完整的取费文件，只需在软件中选择合适的计费程序，即可由软件自动完成取费工作。

若软件中的计费程序与颁布的计费程序不一致时，需对计费程序进行调整，具体的调整方法已在土建套价取费软件计费程序的调整中说明，在此不再赘述。

第三节 安装工程预算软件的汇总输出

在已进行完子目、工程量、人材机、计费程序的输入后，接下来可进行汇总计算和报表的打印输出。

一、汇总计算

在预算编制的各个页框均可点击工具栏上方的 Σ 进行汇总，在输入数据修改后应再次汇总计算。取费表的金额显示在费用金额列，以浅灰色区别，不允许随意修改。这种方式只汇总数据，不输出报表。

在安装工程中，由于子目选取费用和子目调整的多样性，所以对于安装工程的预算报表，系统做汇总计算时，根据各子目所含取费调整情况，做不同处理。对于调整，将子目中相应调整项乘以调整项目中的调整系数。对于取费，按取费情况计算费用后，依照预算表分部、费用类别等分类汇总追加于每个分部的最后。

二、报表的打印输出

退出预算编制窗口，点击下拉式菜单"汇总输出"，按选定条件汇总后即可输出报表。汇总计算根据输入的定额子目、人材机调价信息、取费文件等数据汇总出输出所需要的报表，如图5-5所示。

如果认可软件设置的报表方案，预览报表无误后，即可直接打印输出报表。如果对报表格式有其他要求，需点取【设计】按钮，进行报表设计。调整好报表格式并预览无误后，亦可打印输出安装工程预算书，形成一份整齐、美观的预算文件。

图 5-5 安装工程报表输出对话框

复 习 思 考 题

1. 安装工程预算软件的操作步骤主要有哪些？
2. 安装工程预算软件的操作与土建工程预算软件的操作有什么区别？
3. 安装工程定额的基价中有没有包括主材价和设备价？在操作安装工程预算软件时如何进行主材价格和设备价格的输入和调整？
4. 安装工程预算软件如何进行汇总计算？其报表的输出有哪些形式？